KB264695

끌리는 남자는 스타일이 다르다

초판 1쇄 인쇄일 2017년 9월 6일 ● 초판 1쇄 발행일 2017년 9월 13일
지은이 김진성
펴낸곳 (주)도서출판 예문 ● 펴낸이 이주현
등록번호 제307-2009-48호 ● 등록일 1995년 3월 22일 ● 전화 02-765-2306
팩스 02-765-9306 ● 홈페이지 www.yemun.co.kr

주소 서울시 강북구 솔샘로67길 62 코리아나빌딩 904호

© 2011, 2017, 김진성
ISBN 978-89-5659-332-6 13590

저작권법에 따라 보호받는 저작물이므로 무단전재와 복제를 금하며,
이 책 내용의 전부 또는 일부를 이용하려면 반드시 저작권자와
(주)도서출판 예문의 동의를 받아야 합니다.

※ 이 책은 <남자, 스타일에 눈뜨다>(2011)의 개정판입니다.

성 공 하 는   남 자 들 의   패 션 에 는   공 식 이   있 다

끌리는 남자는 스타일이 다르다

김진성 지음

예문
Ye mun

남자, 스타일에 눈떠라

7년 전 많은 분들의 사랑을 받았던 〈남자 스타일에 눈뜨다〉가 다시 새 옷을 입고 새롭게 추가된 원고와 함께 여러분께 선을 보입니다. 당시에는 책을 쓴다는 것 자체가 제게 새로운 도전이었던 데다, 남성 스타일링과 관련된 도서가 많지 않았습니다. 각종 인터뷰와 외국 서적 등을 수없이 찾아보며 땀 흘렸던 기억이 떠오릅니다.

7년간 저에게도 많은 변화가 일어났고 남성 패션의 트렌드 또한 많이 바뀌었습니다. 하지만 이 책은 기본적인 스타일링의 가이드로서, 과거에도 현재에도 그리고 다가올 미래에도 변하지 않을 불변의 클래식 아이템과 스타일링을 설명하고 있습니다. 그런 이유로, 지금 이 글을 읽고 계시는 독자분들에게도 효용 가치가 있으리라 믿어 의심치 않습니다.

제 책을 읽고 많은 도움이 됐다는 분들을 만나 뵐 때마다 정말 기분이 좋았습니다. 새롭게 단장을 마치고 나온 이 책이 여러분들의 패션에 변화를 불러일으키길 기대해 봅니다.

불과 몇 해 전까지만 해도 남성들은 그저 '깔끔하게 입으면 그만'이라는 인식이 많았다. 그런데 어느새인가 화장하는 남자가 어색하게 느껴지지 않을 만큼(아이라인을 그린 남성들이 범람하는 TV를 보라) 남성의 패션과 스타일링에 대한 요구가 높아졌다. 바야흐로 남성들도 옷과 스타일링을 통해 자신을 표현해야 하는 시대가 온 것이다.

내 지인 중 한 명은 이렇게 표현했다.

"이제 외모나 스타일링 연출은 본인을 위한 것이 아니라, 사람과의 관계, 나아가서는 자신이 하는 일의 성공 여부까지를 결정짓는 중요한 포인트가 되었다."

그런데 주위를 둘러보면? 스타일 감각이 뛰어난 남자들도 간간이 있는 반면, 자신의 체형이나 취향은 전혀 고려하지 않은 채 주섬주섬 입고 나온 듯한 느낌을 주는 남자들이 태반이다. 가장 안타까운 것은 학창시절에 입던 습관을 버리지 못하고 유행 지난 스타일을 고수하거나, 자신의 나이와 책무에 맞지 않는 옷차림으로 대외적인 이미지마저 깎아내리는 경우이다.

"이십 대 후반인 남자친구가 아직도 학생처럼 입고 다녀서 창피해요. 멋지게 차려입고 나타나는 친구의 남자친구를 보면 어찌나 비교되는지."

"중요한 회의가 있어서 신경 써서 입고 오라고 했더니, 어디서 품도 안 맞는 양복을 빌려 입고 왔더라고요. 게다가 나이트 가는 것도 아니고 번쩍거리기까지 해서 제가다 민망했어요."

당신의 능력이나 가치와 상관없이 외모로 인해 남에게 이런 평가, 대접을 받을 필요가 있겠는가?

일을 하다 보면 다양한 사람들을 만나게 되기 마련이다. 필자의 경우 기억력이 좋은 편은 아니라서 만난 사람 모두를 기억하기란 쉽지 않지만, 적어도 그에 대한 '이미지'만큼은 머릿속에 남곤 한다. 비단 필자만이 아니라, 다양한 사람을 만나는 대부분의 사람들이 이처럼 상대를 이미지로 기억한다. 그러므로 사회생활을 하는 남성의 옷차림은 매우 중요하다. 이제는 단지 깔끔한 것만으로는 충분치 않다. 단정하면서도 세련된 옷차림은 자기 관리가 잘되고, 사회생활에 능숙하며, 일 처리 역시 세련될 것이란 이미지를 남긴다.

멋진 옷과 함께 자신감을 선물하라

남에게 보이는 것 이상으로 중요한 것이 바로 '자신감'이다. 아무리 옷에 관심이 없다는 사람도 여자친구나 상사에게 옷차림으로 면박을 당하거나, 멋쟁이들이 모인 장소에 가면 위축되기 마련이다. 또는 키가 작거나 너무 마르거나 반대로 살이 쪘거나 등등 신체조건 때문에 콤플렉스를 느낄 수도 있다. 이럴 때 가장 좋은 무기는 '자신감'이며 그 자신감을 장착해주는 것은 잘 어울리는 옷차림이다.

무조건 고가의 옷을 사고 소위 '패셔니스타'들처럼 입어야 한다는 말이 아니다. 자기 자신을 객관적으로 바라보고 취향을 파악하고, 자신의 단점은 스타일링으로 커버하여 자신감을 가지자는 것이다. 이렇게 하면 업무, 연애, 인맥 등 대인관계에서 심리적으로 위축됐던 부분들을 회복해 나갈 수 있다. 필자가 거의 1년에 걸쳐 이 책을 준비하며 가졌던 가장 큰 목표 역시 '자신감 회복'이었다.

날 때부터 멋쟁이는 없다

필자는 어려서부터 유난히 옷을 좋아했고 주변 또래 남자들과는 달리 쇼핑하기를 즐겼다. 여행을 가더라도 먹거리나 오락거리보다는 쇼핑이 더 기다려졌을 정도다. 그렇다고 특별히 유행을 앞서 나간다거나 값비싼 옷을 사 입은 것은 아니다. 다만 다른 친구들에 비해 옷에 관심이 좀 더 있었을 뿐.

그러다 보니 언제부터인가 '옷을 잘 입는다' '신경 쓰지 않는 듯한데도 늘 단정해 보인다'는 말을 듣게 되었다. 이제 이것은 필자의 장점 중 하나가 되었다. 일할 때는 물론이고 어느 자리에 가든 환영을 받는다. 이렇게 되니 당연히 옷 입는 데 재미를 느끼고 더 관심을 가지게 되었다.

주변의 많은 남성들이 필자에게 묻곤 한다. "옷을 잘 입는 비결이 뭔가요?"

내 대답은 항상 간단하다.

"옷을 잘 입는 건 아주 쉽습니다. 아주 사소한 관심에서부터 시작됩니다. 돈도 시간도 필요 없습니다."

내면의 아름다움을 파악하기에는 다들 너무 바쁘게 살아가는 요즘, 보이는 첫인상 자체가 당신의 살아온 모습이자 앞으로 살아갈 모습으로 판단되어지는 것이 현실이다. 이제 남성들도 옷에 관심을 가져야 한다. 옷을 잘 입을 것인가 말 것인가는 더 이상 선택이 아니며 성공적인 사회생활의 필수 요소가 되었다.

어떤 옷을 사야 할지, 어떻게 입어야 할지 고민되고, 용기 내어 백화점에 들어가더라도 맘 편하게 직원에게 물어보지 못했던 사소한 것들까지 책을 통해 설명하고자 열심히 준비했다. 더불어 시중에 나와 있는 스타일링 책들은 대부분 학생 또는 격식 없는 일상 캐주얼을 소개하는 데 치중해 직장 남성들에게 필요한 옷차림은 제대로 소개해주지 못하고 있단 느낌을 받았다. 이 책에서는 20대 중후반부터 40대에 이르기까지, 사회생활을 하는 남성들의 자신감과 이미지를 높일 수 있는 스타일링 노하우를 소개하고자 했다.

필자가 준비한 이야기들을 천천히 즐기며, 이 책을 통해 각자의 개성을 찾아내고 자신만의 색을 갖는 멋쟁이가 되길 바란다.

CONTENTS

PART 03 / PRACTICAL ROADMAP
스타일에도 공식이 있다

PART 04 / STREET FASHION
스트리트 패션에서 배운다

한 벌을
사더라도
제대로 사라

한 벌의
옷이
첫인상을
좌우한다

면접이나 소개팅, 상견례 등 누군가와의 중요한 첫 만남을 앞두면 누구나 옷차림에 신경 쓰기 마련이다. 어떤 모습이 가장 자신에게 잘 어울리고, 상대방에게 좋은 인상을 남길지 고민한다. 이처럼 우리 대부분은 옷차림이 곧 첫인상을 좌우할 수 있음을 알고 있다.

그러나 일상생활에서는 과연 어떠한가? 많은 사람들이 생각보다 자신의 옷차림에 신경 쓰지 않는다. 심지어 자신은 한 마리 고고한 학처럼 옷이나 외모에 전혀 관심 없다는 듯한 태도를 보이는 사람조차 적지 않다.

첫인상이 어떻게 보일지는 그토록 고민하면서, 왜 일상에서의 이미지는 고려하지 않는지 궁금하다. 당신이 아무리 외면하려 해도, 옷은 이미 당신을 드러내는 하나의 수단으로 기능하고 있다. 원하든 원하지 않든, 당신의 옷차림에서 사람들은 당신이 어떤 사람인지에 관한 실마리를 얻는다. 딱 떨어지는 핏의 오점 없는 흰색 셔츠를 입은 사람을 보면 평상시의 깔끔한 성격을 짐작할 수 있고, 과감한 컬러로 포인트를 준 사람을 보면 감각적이고 트렌디한 성향을 유추할 수 있듯이 말이다.

비단 옷차림뿐 아니라 외모 연출, 스타일, 제스처, 말투 등 겉으로 보이는 모든 것을 종동원해 이미지를 만들고, 이를 강점으로 삼는 것은 이미 현대사회의 흐름이 된 지 오래다. 자신의 의지나 선택으로 결정할 수 있는 것이 아닌 필수사항이 된 것이다.

옷을 '잘' 입는다는 것에 대하여

그렇다면 어떻게 입어야 할까? 무조건 튀게 입고, 유행을 따라가면 되는가? 그렇게 하면 개성이 드러날까? 학창시절까지는 어떻게 입든 취향으로 인정받을 수 있지만, 일단 직업을 가지게 되면 옷차림은 단지 '개성'의 영역을 벗어나게 된다. 많은 사람들을 만나 일하고, 또 굳이 일이 아니더라도 다양한 직업을 가진 여러 취향의 사람들과 만나 일하고, 다양한 직업을 가진 여러 취향의 사람들과 인맥을 쌓다 보면 그 속에서 저마다의 위치와 역할을 맡게 되기 때문이다.

이런 것을 고려하지 못하면 아무리 잘 차려입더라노 센스 없는 패션이 되고 만다. 일반 회사에서 중역을 만나는 자리에 아이돌 같은 옷차림을 하고 나간다면 과연 '잘 입었다'고 할 수 있겠는가? 혹은 야외활동을 하는 자리에 수트와 구두 차림으로 나타난다면 제아무리 차려입었다 해도 '잘 입었다'는 말을 듣기는 어려울 것이다.

또 선천적인 신체조건도 고려해야 한다. 얼굴이 빼어나게 잘생긴 사람도 있을 것이고 상대적으로 그렇지 못한 사람도 있을 것이다. 키가 큰 사람이 있는 한편으로 작은 사람도 있고, 살이 쪄서 고민인 사람이 있는가 하면 말라서 고민인 사람도 있을 것이다. 이런 선천적 문제를 가진 경우라도 후천적인 노력과 관심으로 장점은 극대화하고 단점은 커버하는 스타일을 완성한다면 어느 자리 어떤 곳에서든 관심받고 호감 가는 사람이 될 수 있다.

값비싼 옷을 사고 말고는 중요하지 않다. 트렌드에 발맞춰 나가라는 것은 더더욱 아니다. 단지 때와 장소, 그리고 내 신체조건에 걸맞게 깔끔하게 차려입을 줄 아는 사람만 되어도 충분하다!

당신은 지금보다 더 멋있어질 수 있다. 단지 깔끔하게, 자신에게 어울리는 옷을 입는 것만으로도 첫인상에서 플러스 점수를 받을 수 있고, 호감 가는 사람이 될 수 있는 것이다.

혹자는 이렇게 말할지도 모른다.

"남에게 잘 보이기 위해 옷에 돈과 시간을 쓸 필요가 있나요?"

이런 사람에게는 되묻고 싶다. 조금만 더 신경 쓰면 세련되고 프로페셔널한 인상을 줄 수 있고, 경력에 보탬이 될 수 있는데 왜 이것을 포기하는가? 예전에 어느 광고에서도 말했듯 당신은 복잡한 업무를 수행하며 운전도 하고 틈틈이 취미 생활도 한다. 이런 당신이라면 어울리는 옷을 고르고 매치해 입는 것 또한 어려운 일이 아니다. 단지 '약간의 관심'과 '노하우'만 있으면 된다. 옷에 대한 관심은 '자신의 가치를 소중하게 느끼는 것'에서 시작한다. 자신에게 투자해 스스로가 만족하고, 또 타인에게 인정받는다면 이보다 좋은 것이 어디 있겠는가?

한편 당신에게 필요한 모든 '노하우'는 이 책에 담겨 있다. 처음부터 옷을 잘 입거나 인정받기는 쉽지 않다. 때문에 이 책에서는 언제 어디서나 편안하고 자신감 넘치는 당당한 남성의 이미지를 극대화할 스타일링 노하우를 알기 쉽게 설명하려고 노력했다.

남성들이여, 이제부터라도 자기 자신을 꾸미는 것에 익숙해지자. 자신을 꾸미며 장점을 부각시키고 단점을 장점으로 바꿔 호감도를 높여보자.

이것만으로도 당장 옷을 사야 할 이유가 충분하지 않은가?

그렇다면 어떻게 옷을 입어야 할지, 호감도를 높이는 옷차림의 기본에 대해 알아보자.

자신의 특성을 파악하라

사람마다 생김새가 다 다르다. 개개인 고유의 인상과 분위기가 다르고 체형 또한 천차만별이다. 자신이 가진 좋은 이미지는 발전시키고 자신이 가진 신체적 단점은 보완하는 것이 가장 좋은 스타일링이다. 그 안에 개인적인 취향까지 더해진다면 그보다 더 좋을 수는 없을 것이다.

우선 자신의 체형을 파악하고, 남에게 보이는 인상을 파악하라. 객관적인 시선으로 바라보는 것이 중요하다. 주변 사람들에게 들었던 자신만의 이미지를 떠올리자.

부드럽다든지 아니면 터프하다든지 하는 고유의 이미지는 앞으로 자신을 스타일링
하는 데 좋은 길잡이가 된다.

너무 튀지 않는다

어느 곳에 있든 때와 장소에 맞게 자신을 꾸밀 줄 아는 사람이 옷을 잘 입는 사람이
다. 학생이 학생답지 않거나, 회사원이 그 기업의 분위기에 맞지 않는 옷차림을 했다
면 아무리 차려입었어도 '잘 입었다'고 하기 힘들다. 또 만나는 사람과 분위기에 따
라서도 달라질 수 있으니, 어디에 가서 누구를 만나 무슨 일을 하는지 등을 고려하여
상황에 알맞은 옷차림인지 항상 점검하는 습관을 갖자.

깔끔함을 유지하라

옷차림에서 가장 중요한 것을 꼽으라면 무엇일까? 첫 번째도 깔끔함, 두 번째도 깔끔함이다! 아무리 좋은 옷을 입고 세계적인 스타일리스트가 스타일링을 해줬다 해도 옷이 청결해 보이지 않고 소매 부분이 때로 얼룩져 있거나 좋지 않은 냄새를 풍긴다면 큰 감흥을 줄 수 없다.

깔끔함이 최우선이라는 사실은, 스타일에 관심이 많더라도 여러 가지 이유로 늘 뒷전이 되기 마련인 일반 남성들에게는 오히려 희소식일 수 있다. 옷을 잘 입는 듯 보이는 호감형 남성이 되기 위한 가장 쉬운 방법이자 첫걸음이 바로 '깔끔함', '청결함'이기 때문이다. 비싸지 않은 수트라도 먼지를 제거하고 주름은 스팀 다리미로 꼭 펴주고, 셔츠도 깨끗하게 세탁해 잘 다려 입어라. 먼지가 쌓인 구두는 한 번 닦고 신는 등 아주 사소한 것부터 하나하나 실천하는 습관을 갖자.

처음이 어렵지 지속해서 노력하면 자연스럽게 습관이 될 것이다. 이처럼 작은 실천들이 당신에게 소소한 노력 이상의 것을 가져다주리라 장담할 수 있다.

그렇다면 옷을 살 때 가장 고려해야 할 점은 무엇일까? 디자인, 유행, 색상? 모두 틀렸다. 가장 중요한 것은 '나에게 가장 필요한 것은 무엇인가?' 즉, 어떤 아이템에 가장 신경을 써야 하는지를 파악하는 일이다. 어디서 사고 어떤 디자인에 어떤 색상을 사고는 그다음 문제이다. 저마다 자신의 위치가 있을 것이므로 그에 맞춰서 아이템을 선택하는 것이 기본이다.

옷을 사기로 마음먹었다면 다음의 두 가지 원칙을 염두에 두자. 매장 분위기나 동행자의 의견에 휩쓸려 구매하는 것이 아니라, 자신에게 필요한 옷을 고르는 데 도움이 될 것이다.

첫째, 공적인 아이템과 사적인 아이템을 구분한다

학생들은 큰 문제 없이 자신의 취향에 맞춰 옷을 구입하면 되지만 사회생활을 하는 분들은 공적인 아이템에 투자할지 사적인 시간에 입을 아이템에 투자해야 할지 고민될 것이다(간단히 말해 평일에 입을 옷과 주말에 입을 옷으로 나눌 수 있다). 이를 위해 머릿속으로 공과 사를 확실히 구분해 놓자. 공적인 차림과 사적인 차림이 크게 구분되지 않는 직업이라면 편리하겠지만, 직장인의 경우 대개는 공적인 옷과 사적인 옷을 확실히 구분하여 사는 편이 좋다. 그래야 관리도 쉽고 일을 할 때 효율성도 높아지며 좋은 이미지를 심어줄 수 있다.

둘째, 기본적인 아이템부터 갖춘다

기본적인 디자인의 베이직 아이템들은 기존에 가지고 있던 어떤 옷들과도 잘 어울리므로 활용도가 높다. 또한 베이직 아이템은 그것만으로도 충분히 멋스러워 보일 수 있는, 모든 스타일링의 기본이다.

필자의 경우 옷장을 아무리 뒤져도 프린트가 있는 티셔츠를 찾아보기 힘들고, 데님 같은 경우에도 워싱이 심한 것들은 찾아볼 수 없을 정도로 베이직 아이템들이 옷장의 대부분을 차지한다. 많은 사람들이 "옷은 많이 구입하는데 막상 입을 옷이 없다"고 하는데, 이것은 베이직 아이템을 제대로 갖추지 않은 상태에서 눈에 띄는 옷만을 구매한 결과이다. 매장에 디스플레이된 것이 괜찮아 보여서 구입했는데, 막상 한두 번 입으면 싫증 나거나 너무 화려한 나머지 매칭하기 어려워 손이 가지 않게 되는

것이다.

　기본적인 아이템이 받쳐주지 않으면 전체적인 스타일링의 완성도도 떨어지기 쉽다. 베이직한 디자인은 각 아이템마다 있기 마련이다. 티셔츠, 청바지, 셔츠 등 아이템별로 무난한 색상에 기본 디자인의 옷들은 돈이 생길 때마다 여유 있게 구입해두는 것도 괜찮은 선택이다.

　단, 주의할 점이 있다. 베이직 아이템의 대부분은 일반적인 옷들보다 싼 편이지만 그 안에서도 중점적으로 투자해야 할 것과, 비교적 투자를 덜 해도 되는 품목들이 있으므로 구분할 필요가 있다. 개인적으로는 티셔츠처럼 자주 입거나 어떤 옷에든 기본적으로 어울리는 아이템에는 많은 돈을 투자하지 않는다(물론 간혹 값비싼 티셔츠들도 구입할 때도 있지만 예외적인 경우에 속한다).

무엇을
어떻게
살
것인가

그렇다면 저렴하게 구매해도 되는 것은 무엇이며, 조금 더 투자해야 하는 아이템은 또 무엇일까? 남성들의 성공적인 쇼핑을 위한 기본적인 노하우를 소개하겠다. 이어지는 파트 2에서 자세히 설명하겠지만, 일단은 아래의 내용만 기억해도 보다 효율적인 지출, 후회하지 않는 쇼핑이 가능할 것이다.

티셔츠 : 저렴한 기본 아이템을 다양하게 구매하라

일반적으로 가장 많이 입는 아이템이다. 값비싼 티셔츠 하나를 사는 것보다 저렴하고 원단이 괜찮은 것으로 여러 가지를 구입하는 편이 좋다. 색상은 기본적인 화이트, 블랙, 그레이 위주로 선택하며 라운드, V넥, U넥 등 여러 디자인을 사두자. 또한 내

몸에 잘 맞는 핏을 고르는 것이 중요하다.

경제적인 사정이 괜찮아서 티셔츠에도 어느 정도 예산이 허락된다면 좋은 티셔츠를 사는 것도 나쁘지 않다. 그러나 예산이 남는다면 가능한 다른 아이템에 보태는 편이 경제적이다.

청바지 : 가격보다는 체형을 고려하라

청바지는 어떤 옷에든 잘 어울리며 쉽게 싫증 나지 않는 것이 장점이다. 무더운 한여름을 빼놓고는 사계절 내내 입을 수 있는 실용적인 아이템이기도 하다. 잘만 갖춰

놓으면 옷 걱정을 크게 줄일 수 있으므로, 프리미엄 진을 사는 것도 나쁜 선택은 아니다.

그러나 평균 수준의 청바지라면, 요즘은 몇만 원의 가격 차이로는 질이 크게 다르거나 원단 차이가 심하지 않으므로 가격보다는 자신의 체형을 위주로 선택하는 것이 좋다(체형에 따른 청바지 고르기 노하우는 117쪽을 참조하라).

셔츠 : 적당한 가격에 맞춰 입는 것이 좋다

직장인들이 가장 많이 입는 아이템인 셔츠는 소재나 봉제가 굉장히 중요하다. 때문에 가격에 따라 입었을 때 착용감이나 만족감이 상당히 다를 수 있다. 그렇다고 고가의 브랜드를 찾아 비싼 것을 구입하라는 말은 아니다. 그보다는 원단이나 봉제에 신경 쓰는 곳에서 적당한 가격을 투자해 맞춰 입는 편이 좋다.

요즘에는 생각보다 저렴하고 편리하게 셔츠를 맞출 수 있는 곳이 많으니 가능하다면 맞춤 셔츠를 구입하도록 하자. 셔츠는 그 자체로 남성에게 완벽한 하나의 아이템이며, 내 몸에 맞는 셔츠를 구입하면 신체의 단점까지 보완할 수 있다. 값비싼 수트를 입어도 질이 낮은 셔츠를 입는다면 그 수트마서 질대 빛을 발할 수 없다는 점 또한 명심하길.

팬츠 : 면바지는 저렴하게, 슬랙스는 반드시 갖춰라

평소 캐주얼한 복장을 즐겨 입는다면 데님팬츠를 가장 많이 입을 것이며, 아마 그다음이 면바지일 것이다. 면바지는 고가의 제품을 사는 것을 추천하지 않는다. 면이라는 소재의 특성상 시간이 지나면 변색되므로, 깔끔해 보이는 기본 컬러의 면바지는 저렴한 가격대의 SPA 브랜드에서 구입하는 것이 효율적이다. 면바지를 고를 때는 허리와 허벅지 사이즈로 맞춰 고른 후, 기장은 다리 길이에 맞춰 수선하여 입는다.

그리고 남성이 꼭 갖춰야 할 팬츠로는 슬랙스가 있다. 슬랙스는 울 소재로 된 수트 팬츠와 같은 바지이다. 티셔츠나 셔츠와 매치하여 캐주얼하게 입으면 깔끔하게 연출할 수 있으며, 노타이 셔츠 혹은 타이를 매고 셔츠를 입을 때 함께 스타일링하면 격식 있는 느낌을 줄 수 있다. 슬랙스는 다른 상의 아이템을 돋보이게 하므로 기본적인 블랙이나 네이비, 그레이 컬러를 선택하는 것이 좋다. 또한 단색을 추천하는데, 패턴이 지나치게 화려하면 슬랙스 특유의 깔끔함을 잃고 과하게 느껴지며 스타일링하기에도 난해하기 때문이다. 주름지는 것이 신경 쓰인다면 폴리 성분이 섞여 있는 소재를 고르는 것이 방법이다. 단, 울 소재 슬랙스에 비해 주름은 덜 잡히지만 소재 특유의 광택이나 변색은 더 심할 수 있다는 점을 감안해야 한다.

수트 : 수트는 무조건 맞춰라

필자는 수트를 굉장히 좋아한다. 저렴한 가격의 수트도 입어보고 값비싼 수트도 입어보았다. 이처럼 다양한 경험을 통해 금액의 적고 많음, 그리고 기성복과 맞춤복에 따라서 상당한 차이가 있음을 알 수 있었다.

결론적으로, 필자는 경제적 여유가 있다면 당연히 맞춤 수트를, 여유가 없는 경우라 해도 맞춤 수트를 입기를 권한다. 다만 저렴한 맞춤 수트를 선택하느냐 값비싼 맞춤 수트를 선택하느냐 그 둘의 차이가 있을 뿐이다. 즉, 금액으로 인한 차이는 나중 문제인 것이다. 맞춤 수트는 본인이 구입해 입어보며 느끼고 알아가는 장점이 있다.

지갑 : 어느 정도 투자하는 것도 괜찮다

지갑은 격식 있는 자리든 편한 자리든 언제나 소지하게 되는 아이템 중 하나이다. 일상생활 가운데 가장 눈에 띄기 쉬우며, 가격에 따라 질이 엄청나게 달라지는 물건이기도 하다. 사회생활을 하고, 자신을 위해 수입을 사용할 여유가 된다면 어느 정도 금액을 투자할 만한 가치가 있다.

코트 : 좋은 소재의 코트 하나 정도는 장만해두자

겨울은 일하는 직장 남성들이 가장 견디기 굉장히 힘들어하는 계절이다. 다운점퍼를 입을 수도 없는 노릇, 이번 겨울만큼은 캐시미어나 순모 소재의 질 좋은 코트를 장만할 것을 권유한다. 기본적인 디자인에 좋은 소재와 봉제만으로도 겨울철을 따뜻하게 보내며 멋쟁이 소리까지 덤으로 듣는 일거양득의 효과를 경험할 수 있을 것이다.

시계 : 때와 장소에 따른 선택이 필요하다

지금도 필자의 손목에는 전자시계가 광채를 띠고 있다. 일본 출장 중 우리나라 돈으로 만 오천 원을 주고 구입한 카시오 전자시계이다. 내겐 너무나 사랑스러운 아이템이지만, 수트를 입거나 격식 있는 자리에 참석할 때는 안 차는 것만 못한 결과를 초래할 수 있다.

시계 역시 옷과 마찬가지로 때와 장소에 따른 선택이 필요하다. 때문에 격식 있는 자리나 공적인 업무로 대외 활동이 많은 경우라면 굳이 비싼 것이 아니라도 클래식한 느낌의 시계를 장만해 두는 것이 좋다.

시계는 남성의 멋을 드러낼 수 있는 몇 안 되는 액세서리 중 하나이므로, 여유가 생기길 기다리기보다는 어느 정도 금액을 꾸준히 저축해서 좋은 시계를 하나 장만해 보자.

구두 : 감당할 수 있는 수준에서 가능한 좋은 가죽제품을 선택하라

하루 종일 미팅이다 외근이다 다니며 출퇴근에 지친 나의 발. 발이 불편하면 일도 안되고 쉽게 피로가 몰려온다. 구두를 내려다봤을 때 구두 앞이 들려 애처롭게 나를 바라보고 있다면 이보다 서글픈 상황은 없을 것이다.

구두는 금액 차이가 곧 가죽의 차이이기 때문에 눈에 확연히 드러난다. 이외에도 디테일한 디자인과 말로 할 수 없는 마감 처리 등 여러 가지 면에서 질적인 차이를 보인다. 그래도 저렴한 것을 찾는다면 말리진 않겠다. 하지만 당신이 저렴한 구두를

신다 버리고 또 구입하기를 반복할 때, 누군가의 좋은 구두는 길이 들어 더 깊이 있는 멋을 선사하고 있을 것이다. 어떤 구두를 구입하는 것이 현명할지, 선택은 당신에게 달렸다.

여기까지 읽고 나면 "결론적으로 비싼 게 가장 좋다는 거 아니야"라고 말할지도 모른다. 사실이다. 모든 물건은 가격이 올라갈수록 질이 좋아지는 것이 일반적이다. 그러나 무조건 비싼 것만 고수한다고 옷을 '잘' 입는 것은 아니다. 현재 위치와 상황에 맞춰 적절히 매치해 입으며 자신을 발전시키는 재미를 느껴보자. 저렴해도 괜찮은 것은 저렴한 대로, 투자할 가치가 있는 것은 투자해 가면서 물건의 가치를 느낀다면 삶에 낭만이 더해지지 않을까 하는 생각을 해본다.

내 체형에
맞는
옷을
고르는 법

앞서도 말했듯, 스타일링의 기본은 자신을 정확히 파악하는 것이다. 자신의 신체 구조를 객관적으로 평가하는 것이 중요하다. 사람마다 다리가 유난히 짧다거나 아니면 팔이 유난히 길다거나 일반적인 남성들에 비해 많이 말랐다거나 혹은 몸집이 크다거나 등등 다양한 신체적 특징을 지니고 있을 것이다. 자신의 체형을 파악하여 단점은 보완하고, 누가 보아도 자연스럽게 어울리는 자신만의 스타일을 만들어나가 보자. 여기서는 대표적인 몇 가지 유형을 통해 스타일링을 제안한다.

마른 체형

마른 사람들은 대체로 어깨가 좁아 보이는 특징이 있다. 때문에 재킷을 선택할 때는 어깨선이 살아있는 것을 고르는 것이 좋다. 너무 타이트한 옷은 더 빈약해 보일 수 있으니 피하고 적당히 넉넉한 사이즈를 권유한다. 레이어드(아이템을 겹쳐 입는 방식)하여 마른 체형을 커버하는 것도 좋은 방법이다.

거울에는 낙낙한 스카프나 니트 목도리로 부피감을 더하고 포인트를 주어 시선을 분산시켜 보자. 마른 체형의 사람들은 진하고 어두운 톤보다 화사하고 밝은 계열이 시각적으로 확대되어 보이기 때문에 좋다.

통통한 체형

상의는 정확한 본인의 사이즈를 알고 고르되, 작은 옷을 선택하면 더 부담스러운 느낌을 줄 수 있기 때문에 약간 작은 사이즈보다는 약간 큰 사이즈가 좋다. 상의의 색상은 어두운 톤으로 선택한다. 하의도 작은 사이즈보다는 정확한 본인의 사이즈가 좋고, 색상은 약간 밝은 것을 선택한다. 단, 엉덩이 부분이 답답하지 않은지 꼭 체크하도록 하자.

통통한 사람들은 살 때문에 목이 짧아 보일 수 있다. 티셔츠는 라운드보다는 적당히 파인 V넥 티셔츠가 목을 길어 보이게 하는 효과가 있고, 셔츠는 맞추는 것이 좋다. 착용 시 목 부분이 편해야 보는 이들도 당신을 편안하게 바라볼 것이다.

상체가 큰 체형, 혹은 하체가 큰 체형

다른 부위에 비해 상대적으로 큰 쪽의 옷을 어두운 색감으로 선택하는 것이 중요하다. 상체가 큰 타입이라면 상의를 어두운 색상으로, 하체가 크거나 두꺼운 편이라면 어두운 색상의 하의를 입는 것이다.

상체가 큰 체형이라면 상의는 딱 맞게, 하의는 약간 넉넉한 사이즈의 밝은 색상을 입는 것이 좋다. 하체가 큰 체형이라면 상의를 밝고 넉넉하게, 하의는 어두운 색상에 딱 맞는 바지를 입는 것이 좋다.

PLUS TIPS **어떻게 입어야 할지 모르겠다면, 옷 잘 입는 사람들을 참고해보자**

다음의 사이트는 우리나라를 포함하여 세계 각국의 스트리트 패션을 소개하고 있다. 거리에서 찍힌 사람들의 패션은 도저히 평범한 사람이라고는 믿을 수 없을 정도로 감각적이고 뛰어나다. 그들이 어떤 아이템을, 어떻게 매치했는지 잘 관찰해보자. 좋은 스타일링을 많이 접하고, 관심을 가질수록 자연스럽게 당신의 패션 감각 또한 높아질 것이다.

- **샤토리얼리스트** thesartorialist.blogspot.com
- STREETFSN.COM blog.naver.com/hbnam24

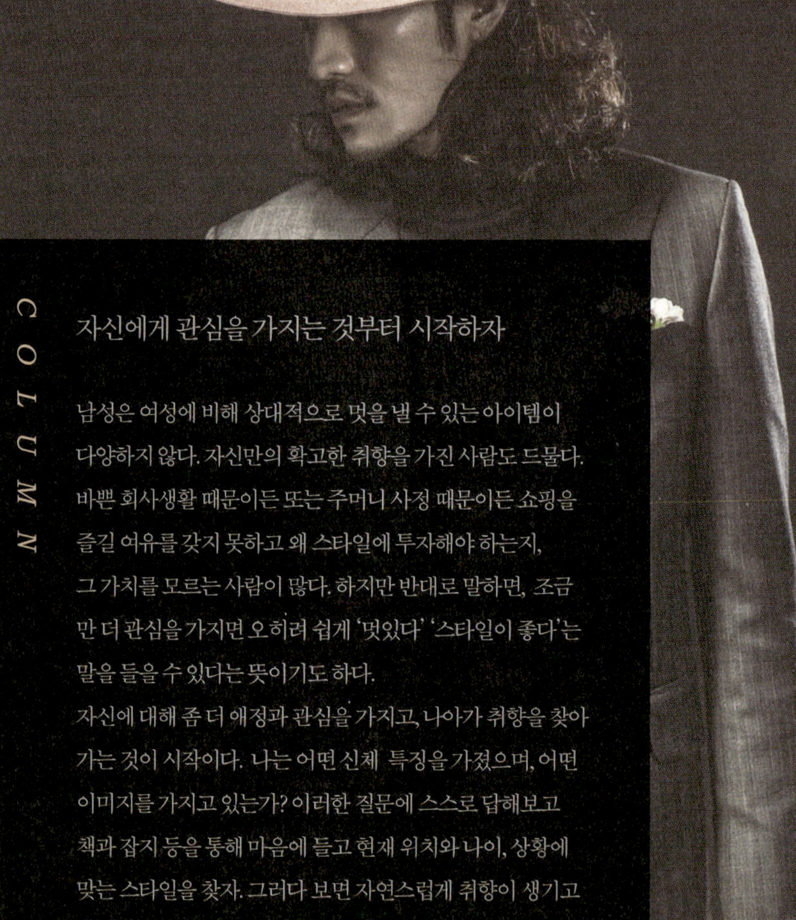

자신에게 관심을 가지는 것부터 시작하자

남성은 여성에 비해 상대적으로 멋을 낼 수 있는 아이템이
다양하지 않다. 자신만의 확고한 취향을 가진 사람도 드물다.
바쁜 회사생활 때문이든 또는 주머니 사정 때문이든 쇼핑을
즐길 여유를 갖지 못하고 왜 스타일에 투자해야 하는지,
그 가치를 모르는 사람이 많다. 하지만 반대로 말하면, 조금
만 더 관심을 가지면 오히려 쉽게 '멋있다' '스타일이 좋다'는
말을 들을 수 있다는 뜻이기도 하다.
자신에 대해 좀 더 애정과 관심을 가지고, 나아가 취향을 찾아
가는 것이 시작이다. 나는 어떤 신체 특징을 가졌으며, 어떤
이미지를 가지고 있는가? 이러한 질문에 스스로 답해보고
책과 잡지 등을 통해 마음에 들고 현재 위치와 나이, 상황에
맞는 스타일을 찾자. 그러다 보면 자연스럽게 취향이 생기고
더 나아가 자신만의 스타일이 완성될 것이다.

지금 당장 옷장을 비워라

옷 못 입는 사람들의 공통점 하나. 자기 옷장 안에 뭐가 들어있고 뭐가 어디에 있는지 모른다. 이제부터 옷차림에 관심을 가지기로 했다면, 일단 자기가 구입한 옷은 어디에 뒀는지 알고 있어야 하고 지정된 위치가 있어야 한다.

옷 못 입는 사람들의 공통점 둘. 새로 산 옷은 별로 없는데 옷장에 옷은 늘 꽉 차 있다! 그 옷들은 입지도 못하고 누구한테 줄 수도 없으며, 심지어 주면 욕먹는 옷들이다. 버리자. 우선 옷장을 비운 후에 내게 무엇이 필요하고 무엇이 있는지를 파악하자. 스타일리스트들은 그런 옷들을 리폼도 하고 할아버지 옷을 수선해 입어 멋쟁이로 거듭난다고도 하는데, 그것은 그들 이야기고 우리는 버리자. 버리는 것만이 질식 직전의 옷장을 살릴 길이다.

남자들은 옷을 못 버린다?!

남녀 관계에 관한 책들을 읽다 보면 '남자는 애정을 가진 옷을 절대 못 버린다'는 이야기가 종종 나온다. 실제로 남성들 중에는 철 지난 옷, 유행이 지난 건 물론이고 낡아빠진 옷을 버리지 않고 고집하는 경우가 많다. 필자도 대학 시절, 군에서 입던 야상을 학교에 자주 입고 다녔다. 미대를 다녔기 때문에 분위기도 있어 보이는 게, 뭔가 남자의 로망이라고나 할까? 하지만 학교 동기들의 반응은 아주 싸늘하고 냉담했다.

보통의 남성들은 옷을 자주 구입하지 않고 디테일한 스타일링에 관심을 갖지도 않는다. 그럼에도 불구하고 자기 자신만의 멋은 마음속에 품고 있다. 누가 뭐라 말해도 포기할 수 없는 무엇, 나만의 스타일…… 그런 종류의 것이다. 당신에게도 그런 것이 있다면, 지금 바로 옷장을 열어보자. 여자친구가 질색하는 구닥다리 야구 재킷은 벌써 단추가 떨어져 있다. 화이트 셔츠 중 몇 개는 색이 바래 누런빛을 띠고 있을 테며, 그중 반 이상은 늘어지고 오염돼 차마 집 밖으로는 입고 나갈 수 없는 지경일 것이다. 자, 크게 마음먹자. 그런 옷은 과감히 정리하는 용기가 필요하다.

버리자. 일단 정리를 해야 다시 태어날 수 있고 그것이 변화의 첫걸음이다. 그것이 그나마 당신이 보유하고 있는 나머지 옷들까지도 살리는 길이다.

옷장
관리의
기본

———

남자의 스타일링에 있어 깔끔함은 기본 중의 기본이다. 많은 종의 아이템을 갖추고 있지 않더라도, 잘 관리하여 깔끔한 옷을 입는 것만으로도 호감 가는 인상을 줄 수 있다. 그렇다고 해서 매번 새 옷을 살 수도 없는 노릇, 옷을 구입하는 것도 중요하지만 관리도 그에 못지않게 중요한 이유이다.

아무리 유명한 디자이너의 옷을 값비싸게 구입했어도 관리가 제대로 되지 않으면 아파트 관리실 수거함에 있는 옷들과 다를 바 없다. 반면에 저렴한 옷이라도 귀하게 보관하면 옷을 입은 사람의 가치까지 높아진다! 옷을 관리하고 옷장을 정리하는 기본 요령에 관해 알아보자.

계절별로 구분하라

두꺼운 소재의 옷들은 세탁해서 따로 넣어두는 공간을 마련하자. 그렇지 않으면 곰팡이와 세균의 침투로 악취가 나고 색상이 변하는 최악의 상황이 생길 수 있다. 겨울 코트나 수트는 반드시 세탁 후 잘 손질해서 넣어두자.

여름 티셔츠들은 세탁해서 잘 접어 보관해야 한다. 잘못하면 축이 틀어지거나 심하게 늘어나 다시는 입을 수 없게 된다.

계절이 바뀔 때만큼 옷장이 난잡해지는 순간이 없다. 한순간에 계절이 바뀌는 것이 아니라 서서히 변하기 때문에 계절별 옷들을 따로 세탁해 정리하기란 굉장히 어렵다. 그러므로 미리 계절별로 옷을 구분하여 관리하는 습관을 들이자.

비싼 구두는 개별 상자에 넣어 장롱 맨 윗칸에 보관하라

비싼 구두는 모양이 망가지거나 흠집이 생기지 않도록 개별 상자에 넣어서 보관하는 것이 좋다. 슈트리*를 구입해 신발 안에 넣으면 악취와 디자인의 변형을 막을 수 있으며 모양이 유지된다. 스웨이드와 에나멜처럼 특수 가공된 신발은 신발끼리 맞닿아 상처가 생기지 않도록 한 짝씩 천으로 덮어 상자에 넣어 보관한다. 신발 상자는 한 번 넣으면 잘 꺼내게 되지 않으므로 장롱의 맨 위 칸 선반에 수납한다.

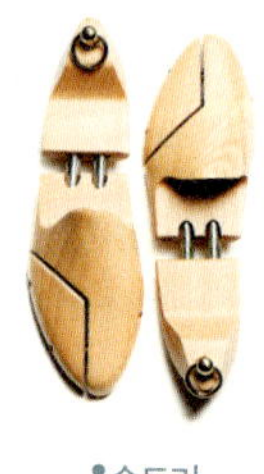

*슈트리

간절기용 옷을 위한 간단한 수납장을 구입하라

여름옷 중 반팔 티셔츠나 얇은 니트 카디건은 시시각각 변하는 날씨에 맞춰 다른 옷과 매칭해 입을 수 있는 간절기용 아이템이다. 쉽게 꺼내 입고 다시 넣을 수 있도록 수납장을 구입해 따로 정리한다.

종류별로 걸지 말고, 길이별로 걸어두자

수트와 코트는 반드시 걸어서 보관해야 할 아이템이다. 옷 수납장의 공간이 아주 넉넉하게 확보된 경우가 아니라면 옷은 종류별로 나누어 거는 것보다 길이별로 거는 편이 효율적이다. 그래야 옷을 걸고 남은 아래 공간을 활용할 수 있기 때문이다. 그렇게 하면 옷을 걸고 남은 아래쪽 공간에 자주 입은 티셔츠나 작은 박스들을 보관하기 용이하다.

입을 옷은 아이템과 색상에 따라 정리하라

스타일링에 뛰어난 사람들은 레이어드와 상하의의 믹스 매칭을 위해 아이템별이 아닌 색상별로 옷을 구분하여 놓는다. 하지만 그건 전문적인 수준이고 일반적으로는 티셔츠면 티셔츠, 니트면 니트, 이렇게 아이템을 정해 그 안에서 색상별로 정리하여 두는 정도로 충분하다.

옷 종류에 따라 다른 덮개를 씌어둬라

오랜 시간 걸어둘 옷들은 먼지가 앉거나 다른 옷과 닿아 보풀이 생기지 않도록 반드시 덮개를 씌워야 한다. 특히 정장이나 값비싼 재킷은 통기성이 있는 부직포 덮개를 씌워야 습기가 차지 않는다. 많이 입는 면 셔츠나 바지는 세탁소용 비닐 덮개를 씌워도 한 해는 거뜬히 견디는데, 이때는 주머니에 좀약을 넣어 주면 된다.

박스에 수납할 때는 무거운 옷을 먼저 넣어라

여름옷은 부피가 작아 수납 박스 하나로 해결할 수 있는 반면 다음해에 꺼냈을 때 옷 주름이 심하게 잡혀 원상복구가 힘든 경우가 많다. 조금이라도 옷 주름을 줄이려면 상자에 담을 때 재킷이나 원피스·카디건처럼 부피가 크고 무거운 옷을 아래쪽에 넣고, 면 티셔츠·치노팬츠 등의 가벼운 옷은 위쪽으로 담아보자. 그렇게 정리하면 꺼내 입을 때도 힘이 들지 않고 아래쪽의 옷이 눌려 있지 않아 바로 입기 용이하다.

오래 입어도
깔끔함을
유지하는
비결

어떤 친구는 좋은 옷을 입은 것 같은데 늘 없어 보이고 어떤 친구는 비싸지 않은 옷인 것 같은데 늘 깔끔해 보인다. 이것이 필자가 중요하게 생각하는 부분이다. 이 부분만 잘 신경 써서 챙기면 가장 쉽고 빠르게 멋쟁이가 될 수 있다.

일단 각 원단의 성분에 따라 관리 및 세탁 방법이 다르다는 걸 알아두자. 옷의 안쪽을 보면 케어 라벨이 달려있을 것이다. 케어 라벨에는 원단 성분이 표시되어 있고 친절하게 세탁 방법까지 표기되어 있다. 옷을 만들 때 보이지도 않는 곳에 라벨을 다는 데는 다 이유가 있는 것이다.

구입한 옷들의 관리에 신경 쓴다면 금방 낡아 버린 옷 때문에 한숨 쉴 일이 반으로 줄어들 것이다. 그럼 섬유별 손질 및 관리법에 대해 알아보자.

식물성 천연섬유(면, 마, 니트)

세탁 : 식물성 천연섬유는 고급일수록 섬유가 섬세하여 가늘
고 길다. 때문에 옷의 각 크기에 맞춰 세탁망에 넣어
중성세제와 미지근한 물로 세탁한다. 니트는 드라이
클리닝하는 것이 가장 좋으나 손빨래를 해도 괜찮다.

관리 : 식물성 천연섬유는 구김이 가기 쉬우므로 꼭 다림질
을 해야 한다. 다림질은 중간 스팀을 사용하여 고온,
고압으로 다린다. 단, 니트는 낮은 온도로 다려야 한다.

동물성 섬유(울, 실크)

세탁 : 영화를 보면 코트를 멋지게 걸어놓고 두꺼운 털 술로 싹
싹 빗는 장면이 나온다. 그것이 바로 동물성 섬유를 관
리하는 방법 중 하나이다. 동물성 섬유는 최대한 세탁
을 하지 않는 것이 좋다. 뭔가 묻었다면 그 부분만 닦아
내고, 계절이 바뀔 때 드라이클리닝을 해준다. 난, 울 수
트는 드라이클리닝을 하면 섬유 속에 기름 성분이 빠진
다는 점을 염두에 둬야 한다.

스웨터나 실크소재 제품은 물빨래를 하되 돌려 짜거나
움켜 짜면 축률이 달라져 다시 입지 못하게 될 수도 있

다. 가볍게 물기를 털어내고 가볍게 자연건조 시키는 것이 가장 좋다.

관리 : 일반적인 스팀 다리미로 다리면 금방 주름이 펴진다. 자주 세탁하는 것은 좋지 않으므로, 옷걸이에 걸어둔 채 스프레이로 물을 뿌려주고 자연건조해도 어지간한 주름은 금세 사라진다. 다만 고온의 열로 다리면 광택이 나고 색이 변질될 수 있으니 주의하자.

합성섬유(폴리에스터, 아크릴)

세탁 : 합성섬유는 워낙 정전기가 많이 발생되고, 금방 소재가 상한 것처럼 보이나, 관리도 편하고 물빨래도 용이하다. 정전기를 방지하려면 섬유유연제를 사용하는 것도 좋은 방법이다.

관리 : 60~70도 선에서 약간 두께감 있는 천을 위에 덮고 다림질을 하는 것이 가장 바람직하다. 그렇게 하면 별 무리 없이 주름이 사라진다. 고온에 약하기 때문에 직접 다림질하면 타거나 원단의 색이 변질되므로 반드시 중간에 천을 덮고 다리는 걸 잊지 말자. 보관할 땐 접어두는 것이 가장 좋다.

재생섬유(아세레이트, 레이온)

세탁 : 재생섬유는 남성복의 안감으로는 거의 사용되지 않
고 코트의 안감이나 재킷의 안감에서나 찾아볼 수 있
다. 안감의 때가 묻었을 때 손으로 빨거나 솔을 사용
해 닦다가는 찢어질 수 있으니 주의해야 한다. 드라
이클리닝을 하는 것이 가장 효과적이다.

관리 : 주로 안감에 사용되기 때문에 주름이 가더라도 눈에
쉽게 보이지 않는다. 따라서 계절이 바뀔 때 드라이클리닝 후 옷걸이에 보관
하고 제습제를 넣어주는 것이 좋다.

패션용어,
이것만 알면
어렵지
않다

당신도 백화점에서 이런 경험을 해보지 않았는가?

"어서 오세요, 고객님. 찾으시는 게 있나요?"

"그냥 재킷 좀 보려고요."

"여기 이 스티치 재킷은 어떠신가요? 포켓에 디테일이 들어가 있어요. 조금 더 편안한 걸 원하신다면 여기 그런지한 느낌의 레더 재킷도……."

쏟아지는 낯선 용어들에 지레 주눅 들어 쭈뼛거리며 매장을 나온 경험이 한두 번쯤 있을 것이다. 많은 남성들이 패션 잡지나 쇼핑을 싫어하는 이유 중 하나로 '알아듣기 어렵고 생소한 패션용어'를 꼽는다. 그러나 패션에 관심이 있는 여성들이라고 해서 그 모든 용어들을 다 알아듣는 것은 아니다. 몇 가지 말들만 알아두면 좀 더 자신감 있게 옷을 고를 수 있을 것이다.

각 아이템별 설명은 다음 파트에서 자세하게 하기로 하고, 대표적으로 많이 사용되는 용어들을 알아보자.

그라데이션 gradation

색의 계층을 의미하며 옷의 색감의 흐름을 설명할 때 많이 쓰인다.

그런지룩 grunge-look

낡고 빈티지한 느낌으로 편안함과 자유스러운 감성을 표현하는 용어이다.

글랜체크 glen-check

작은 체크로 구성된 큰 체크를 말한다. 남성 수트와 셔츠에 쓰인다.

나그랑 raglan, **레글런**

어깨선이 따로 없이 흐르는 스타일

노스텔지어 nostalgia

20년대, 30년대, 50년대 유행의 리바이벌 패션

뉴클래식 new-classic

현대적인 감각에 기초를 둔 고전적인 스타일

데코 deco

데코레이션, 즉 장식을 뜻한다.

디테일 detail

세부적인, 한 부분의 특징을 말한다. 절개선이 될 수도 있고 포켓이 될 수도 있다. 특징적인 한 부분을 지칭한다.

라펠 lape

코트, 재킷, 셔츠 등의 젖힌 깃 앞부분

레더 leather

가죽을 뜻한다. 남성의 로망인 바이크 재킷이나 여러 가죽 소재를 말할 때 쓰인다.

댄디 dandy

복장에 있어 최고의 엘레강스를 표현하는 19세기 남성을 표현하는 말로써 이들의 우아하고 세련된 생활 태도를 댄디즘이라 한다. 현대에 와서는 '멋진', '멋쟁이'를 의미하게 되었다. 댄디룩은 매니시룩과 같은 동의어로 사용되고 있다.

레이어드 layered

층을 이루듯 여러 벌의 옷을 걸쳐 입어 효과를 내는 방식

리넨 linen, 리넨

마 직물의 일종으로 뻣뻣한 느낌이 나며 시원한 느낌을 준다.

리버시블 reversible

안팎을 전부 다 쓸 수 있는 옷감을 말한다. 코트나 재킷 종류를 설명할 때 들어봤을 것이다.

리조트 룩 resort-look

휴양지나 해변 등지에서 착용할 만한 스타일

머스트 해브 아이템 must-have-item

쇼핑몰이나 백화점에서 이런 말을 들어보았을 것이다. 절대 없어서는 안 될 아이템

이라 생각하면 되겠다.

스티치 stitch

바느질이나 자수의 땀이나 엮인 코를 뜻한다. 남성 수트, 셔츠 구입 시 점원들이 옷의
포인트를 설명할 때 자주 사용한다.

믹스 앤 매치 mix-and-match

느낌이 서로 상반되는 옷으로 코디를 하는 것

실루엣 silhouette

의복 전체의 외곽이나 윤곽선

스트라이프 stripe

가로, 세로, 사선 등의 직선을 이용해 다양한 느낌을 주는 줄무늬

프레피룩 preppy-look

캐주얼하고 현대적이며 학생느낌이 나는 스타일

C O L U M N

자존심을 버리자

평소 옷을 잘 입는다는 이야기를 듣거나 꾸준히 옷에 관심을
가져온 사람이라면, 이미 자신의 취향을 파악하고 나이와 직
업, 상황에 맞는 적절한 스타일링을 구사하고 있을 것이다.
하지만 평소 옷차림에 크게 신경 쓰지 않다가 이제 막 스타일
링의 필요성을 느꼈거나, 어떠한 계기로 관심을 갖기 시작했
을 수도 있다. 이 책의 독자 중 많은 수가 후자이리라 생각된다.
어떤 옷을 사야 할지, 어떤 스타일이 자신에게 어울리는지
아직 잘 파악되지 않는다면 일단 기존 생각부터 비우도록
하자. 머릿속에 가지고 있는 스타일을 과감하게 버리고 남의
말에 귀 기울이는 습관을 들이는 것이 좋다. 매달 발행되는
잡지나 여자친구의 의견, 또는 주변에 눈여겨봐오던 옷 잘
입는 친구나 선후배를 참고하는 것도 좋다.

타인의 이야기에 귀 기울이고 롤 모델을 선정하여 따라 하는
것도 방법이다. 롤 모델이 당신의 키와 체형이 흡사하면 금상
첨화겠지만, 꼭 그렇지 않더라도 상관은 없다. 단시간에 좋은
안목을 흡수하는 것은 돈과 시간을 그만큼 절약하는 방법 중
하나이기 때문이다. 그렇게 꾸준히 자기 자신을 가꾸고 발전
시키다 보면 어느새 자신만의 개성이 드러나고 자신만의
기준점이 생겨 매력을 어필할 수 있는 날이 머지않아 올 것이
다. 상상만 해도 벌써 흐뭇해지지 않는가?

남자의
패션은
무기다

BASIC ITEM 1
OUTER

아우터 하나 바꿨을 뿐인데

패션에 관심이 많고 쇼핑을 즐기는 일부 남성을 제외하고는, 사는 게 바빠 그거 아니어도 다른 데 신경 쓸 것도 많은데 옷까지 신경 써야 하는가라고 푸념을 늘어놓는 경우가 대부분이다. 그러나 이런 남성들이 모르는 것이 있다. 바로 남자는 여자에 비해 쉽게 멋을 낼 수 있다는 점이다. 실제로 남성은 여성에 비해 아주 적은 수의 아이템만으로도, 조금만 신경 쓰면 금방 이미지를 바꾸고 빠른 시간 내에 센스 있다는 소리를 들을 수 있다.

"바지 입고 위에 티셔츠 하나 걸치고 그 위에 재킷 하나 입으면 끝이지, 뭐."

당신도 이렇게 생각하는가? 맞다, 사실 그게 끝이다. 그렇기 때문에 이번 장에서는 그거 하나만 걸쳐도 멋이 배가 되는 겉옷에 대해 알아보려 한다.

계절별 아우터만 제대로 갖춰도 반은 성공이다

남성이 입을 만한 아우터는 사실 그렇게 다양하지 않다. 종류는 많을 수 있지만 막상 쇼핑하러 백화점을 돌아다니다 보면 다 내 옷장에 있는 옷 같고, 나하고는 안 어울릴 것 같은 게 대부분이다. 큰 맘먹고 매장에 들어가면 매장 직원의 칭찬과 권유에 충동적으로 구매하고는 그게 아까워서 마지못해 입는 경우도 허다하다.

그러나 앞서도 말했든 아우터는 간단하게 멋을 표현할 수 있는 중요한 아이템이다. 제대로 잘 입는다면, 말 그대로 '아우터 하나 바꿨을 뿐인데' 사람이 달라 보이는 효과를 얻을 수 있다. 아우터에는 수많은 종류들이 있다. 이 책에서는 아이템 하나하나를 알아보기보다는, 계절별로 남성들이 자주 입을 수 있는 것 위주로 살펴보려 한다.

변덕스러운 일교차에 재킷이 꼭 필요한 봄, 겨울이 오기 전 짧은 기간 동안 남자의 외로움과 감성과 건드리는 가을, 주머니에서 손을 빼지 않고 따뜻하게 입는 것이 최고인 겨울. ―계절에 따라 간편하지만 센스 있어 보이고, 쉽게 찾아 입을 수 있는 아이템들에 관해 알아보자.

멋을 더하는 기본 아이템, 블레이저

봄

유럽에서는 블레이저 차림의 멋쟁이들을 흔히 볼 수 있다. 저마다 센스를 뽐내듯 잘 빠진 베이지색 치노팬츠에 네이비 컬러 블레이저를 입고 유유히 걸어 다니는 모습을 보면 간단하지만 멋진 패션이라는 생각을 하게 된다.

개인적으로 블레이저를 굉장히 좋아한다. 블레이저는 화이트 셔츠, 트렌치 코트, 피코트 등과 같은 클래식한 아이템이다. 클래식에서 재창조되어 전통적인 느낌을 잃지 않으면서도 트렌드에 맞춰가는 아이템이 되기도 한다. 바로 그 블레이저를 국내에서도 쉽게 찾아볼 수 있다. 이미 온라인상의 수많은 남성 쇼핑몰에도 수두룩하게 올라와 있고 백화점을 가도 메인 디스플레이에는 역시나 블레이저가 위풍당당 자신의 존재를 드러내고 있다.

기본 색상부터 갖춰라

남자가 감춰야 할 수트의 기본 색상으로는 다크그레이와 네이비 컬러가 있다(130쪽 참조). 이는 단품인 블레이저에서도 예외는 아니다. 그중에서도 네이비 컬러는 블레이저를 선택할 때 빠뜨릴 수 없는 대표적인 색상이다.

잘 재단된 네이비 수트 혹은 네이비 블레이저는 엄격하리만큼 세련된 이미지를 풍기고, 어떤 컬러와도 조화를 이룬다. 이처럼 네이비 컬러의 블레이저는 클래식을 이야기할 때 가장 먼저 꼽히는 아이템이다. 어디에 매치해도 잘 어울리므로 패션에 자신이 없는 사람이라면 특히나 갖춰놓을 만하다. 옷장 속 효자 노릇을 톡톡히 할 것이다.

남자를 세련되고 멋지게 보이도록 해주는 블레이저. 블레이저가 국내에도 많이 보급되고 유행한 지 오래이다. 기성복도 훌륭한 것들이 많지만 맞춤복으로 입는 블레이저를 따라올 수는 없을 것이다. 그만큼 자주 입을 수 있는 아이템이기 때문에 한두 벌 정도 투자해도 나쁘지 않을 것이다.

세월이 흘러도
변함없는
클래식,
트렌치코트

봄가을

봄가을이 되면 시도 때도 없이 비가 내린다. 직장인들에게는 출근이 죽기보다 싫게 느껴지는 아침, 옷은 더러워지고 차는 엄청나게 막힌다. 멋을 부리기도 힘든 비 오는 날, 그냥 집에서 쉬고만 싶게 만드는 날씨다. 하지만 언제 그랬냐는 듯 화창한 햇살에 기분 좋게 불어 드는 바람이 오늘은 기분 좋은 하루를 시작하라는 것처럼 반길 때도 있다.

이 무슨 변덕인가! 하시만 이런 계절에 멋과 분위기, 날씨에 알맞은 아이템이 있으니 트렌치코트가 바로 그것이다.

클래식 아이템의 대명사

봄가을의 일교차를 생각하면 가벼운 재킷만으로는 아쉽고 듀코로이, 캐멀, 벨벳 블레이저 등 보온성이 뛰어난 블레이저를 선정하자니 비가 문제가 된다. 이렇게 일교차가 크고 비가 잦은 시기에 트렌치코트는 최상의 선택이다.

트렌치코트의 가장 큰 장점은 어울리지 않는 스타일을 찾기가 드물 정도로 다양한 스타일에 잘 매치된다는 것이다. 청바지에 티셔츠 그리고 면 소재 운동화에 트렌치코트 또는 수트에 트렌치코트, 카키나 브라운 컬러 치노팬츠 등과 함께 캐주얼, 수트, 스마트 룩 등 다양한 스타일에 어울린다.

이렇게 다양한 스타일과 많은 활용성이 있고 매 시즌 유행을 타지 않는 클래식한 아이템이기 때문에 구입할 때 다른 옷에 비해 여유를 갖고 투자하는 것도 나쁘지 않

다. 지난 수십 년에 걸쳐 봄가을 또는 겨울 시즌 패셔너블한 남성들의 선택에는 트렌치코트가 빠질 수 없는 아이템이었고 이러한 독보적인 사랑은 아직도 이어지고 있다. 수많은 패션 아이템들이 트렌드 밖으로 밀려 사라지거나 복고의 재조명으로 다른 모습으로 재탄생하지만, 트렌치코트는 길이와 색상의 미세한 차이를 제외하고는 스타일과 기본 형태는 클래식함 그 자체

를 계속 유지하고 있다.

그럼 트렌츠코트에서 가장 중요한 길이와 컬러에 대해 알아보도록 하자.

트렌치코트의 길이

트렌치코트의 길이는 정석처럼 정해져 있다. 캐주얼한 차림에는 허벅지 라인 정도가 적당하고, 수트 차림에는 무릎 정도까지의 길이가 좋다. 그러나 이것은 참고 수준일 뿐, 사람에 따라 다르고 자신이 원하는 핏에 따라 다르다. 구입할 때 거울 앞에서 꼭 입어본 후 뒤태를 보고 자신의 신체 길이와 조화를 이루는지 확인하는 것이 가장 중요하다.

트렌치코트의 색상

우리나라 사람들은 트렌치코트를 버버리코트라고 부른다. 이는 버버리의 브랜드네임을 트렌치코트의 이름이라 착각하고 있기 때문이다. 이 영향으로 'Buburry'의 대표적인 컬러인 베이지 색상이 트렌치코트 컬러로는 거의 독보적이었다. 그러나 점차 디자인이 변형되고 컬러가 다양해짐에 따라 블

랙, 브라운, 그레이 등이 베이지의 아성을 위협하며 보급되고 있다.

클래식한 느낌과 함께 분위기를 살리고 싶다면 전통적인 베이지 컬러를 구입하는 것이 가장 좋다. 통통한 체형은 블랙을 선택하면 날렵해 보이는 효과를 줄 수 있다. 조금은 무겁지만 트렌디한 느낌을 주고 싶다면 브라운도 괜찮은 선택이다. 보다 무게감 있는 룩을 연출하기 위해서는 그레이를 선택하는 것이 좋겠다.

남자들의
로망,
레더재킷

가을

레더재킷(가죽재킷)은 남자들이 가장 좋아하는 아이템 중 하나다. 대다수 남자의 가슴속에는 일상에서 벗어나고픈 반항기 어린 욕구가 있기 마련이다. 저마다 나름대로는 자신이 꽤나 터프한 류의 사람이라 생각하기도 힌다. 때문에 레더재킷은 남자에게 있어 하나의 수컷 상징적인 아이템이기도 하다.

한편 실용적인 면에서 레더재킷은 간절기를 나는 데 아주 좋은 아이템이다.

가죽은 외부 충격과 기온 변화에 대처할 수 있는 가장 좋은 소재이기 때문이다(가죽 소재 아우터의 대표적인 모터사이클 재킷과 플라이트 재킷은 본래 멋을 내기 위해서가 아니라 신체보호를 위한 기능성 의상이었다). 또한 가죽 자체가 주는 터프한 느낌이 남성성과 어울려 매력이 배가 된다.

오래될수록 멋이 깃드는 레더재킷

가죽은 낡고 오래된 것일수록 자연스러운 멋이 배어난다. 오래된 가죽 옷이 있다면 없애지 말고 수선비가 들더라도 허리 라인과 소매 끝을 손봐서 입자.

오래된 모델이라면 허리선이 펑퍼짐하고 어깨가 처지고 V존이 넓을 것이다. 어깨선과 허리선만 조여주고 낡은 듯한 V존은 그대로 두자. 집업 스타일이라면 니트 소재로 목선과 소매 끝만 새로 달아주면 최신 유행 상품으로 거듭난다. 블랙 컬러는 모든 데님팬츠와 어울리고 치노팬츠와도 굉장히 잘 어울린다. 브라운 컬러라면 진한 색 청바지에 매치하여 입자. 신발의 경우에는 면 소재의 스니커즈도 좋고 적당한 굽의 웨스턴 부츠도 멋스럽다.

가격보다는 소재가, 구입 후에는 관리가 중요하다

새로 구입할 때는 조금 비싸더라도 오래 입을 것을 생각해 가죽의 재질을 신중히 파악하자. 가죽 자체의 질이 너무 뻣뻣하거나 색이 심하게 얼룩덜룩한 것은 피하고 무게감이 덜 나가는 것으로 고르는 것이 좋다. 소재 특성상 굉장히 무게감이 나가는 것들이 있는데 그런 것들은 장시간 입으면 쉽게 피곤해지고 보관도 힘들다.

가죽은 관리가 굉장히 중요하다. 비를 맞거나 물에 젖으면 소재가 변질되거나 곰팡이가 생기기 쉽다. 그늘에서 말리고 먼지를 털어내어 습기가 없는 곳에 보관하는 것이 가장 바람직하다.

세련미와 터프함을 한 번에, 밀리터리룩

가을

제대하고 학교에 복학하면 이런 선배 꼭 있다. 현역 시절 군에서 입던 군복이나 야상을 입고선 멋있어 보이리란 혼자만의 착각 속에, 군인보다 더 군인 같고 더 더러운 이미지를 풍기는 남자 선배. 그런 이미지 때문에 여자들이 남자의 군대 이야기를 싫어하는 걸까 라는 생각을 한 적도 있을 정도다. 군복이라는 이미지 자체가 세련된 느낌보다는 그냥 이둡고 칙칙해 보이기 쉽기 때문이다.

하지만 요즘은 유행에 맞게 아주 고급스러운 카키색을 사용한 멋스러운 밀리터리룩이 다양하게 선보이고 있다. 여러 브랜드와 수많은 디자이너들이 아주 다채롭고 세련된 디자인의 밀리터리룩을 매 시즌 보여주는데, 밀리터리룩 하면 바로 떠오르는 미군 야상의 디자인도 좀 더 심플하고 현대적으로 재해석된 것이 많다.

조금은 가벼운 색상으로 세련미를 더하자

밀리터리룩만큼 남성들의 강인함을 나타낼 수 있는 아이템도 드물다. 다만 보다 깔끔하고 센스 있는 매치를 이용해 밀리터리룩이 주는 강점을 이용하는 것이 좋겠다. 밀리터리라는 단어가 주는 무겁고 대책 없이 와일드한 느낌보다는 한 톤 기름기 빠진 중간색 카키와 세련된 베이지 컬러 색상을 선택해 쌀쌀해지는 가을 분위기를 내보도록 하자.

남자의 품격을 높이는 코트

겨울

코트 한 벌쯤 가지고 있지 않은 사람이 있을까. 코트는 교복을 입고 학교를 다닐 때부터, 사회인이 되어 수트 차림으로 출근길에 오르는 내내 함께하게 되는 아이템이다. 코트는 그 자체로 정갈해 보이고 클래식해 보이는 장점이 있다. 한 겨울의 추위를 막아주는 데다 어딘지 품위를 더해주는 코트, 여기에 멋까지 더해지면 무엇을 더 바라겠는가.

겨울의 기본 아이템, 코트를 더욱 멋있게 입는 방법에 대해 알아보자.

어디나 잘 어울리는 피코트

코트도 여러 종류가 있지만 필자는 그중에서도 피코트를 강력하게 추천하고 싶다.

피코트는 6부 기장을 원칙을 한 더블 브레스트 (단추를 두줄로 단 외투)로, 기장이 짧은 코트를 일컫는다. 원래는 영국의 해군 선원용으로 제작된 것이었는데, 지금까지 약간의 변형을 거치며 유지되어 왔다. 보온성이 굉장히 뛰어난 데다 앞쪽의 큰 라펠이 바람을 막아주는 기능적인 역할까지 한다. 여기에 머플러 하나만 해도 감각 있어 보이는 남성으로 다시 태어날 것이다.

피코트의 기본 컬러는 물론 네이비다. 캐주얼부터 수트까지 전부 다 매치하기 용이하고 멋스럽게 재해석하여 준다. 특히 피코트는 이전의 코트들이 주는 딱딱한 비즈니스적인 분위기를 떠나, 캐주얼하면서도 격식을 차린 듯 모호한 분위기를 느끼게 해주는 것이 특징이다.

그 밖에도 학생 때 많이 입었던 것으로 더블 코트가 있다. 캐주얼한 느낌은 있지만 수트와 함께 입기에는 좀 모자라 보이고 학생들 나이 때에 어울리는 아이템이다. 체스터필드 코트, 폴로코트 모두 편하게 자주 이용하기에는 어려운 아이템들이다.

코트를 더욱 멋스럽게 입는 노하우

코트의 길이나 색감은 위의 트렌치코트와 크게 다르지 않다. 다만 겨울이라는 계절감 때문에 원단이 좀 더 두꺼워지고 색상 면에서 네이비나 블랙을 고르는 것이 적합

한 정도 외에 길이나 다른 면들은 차이가 없다. 다만, 코트를 입어야할 때 신경 써야
할 사항들은 몇 가지 있다.

코트 자체가 무겁고 두꺼운 것은 사지 말아라

한 벌의 무겁고 두꺼운 코트가 추위를 날려줄 것이란 바보 같은 생각은 버려라. 너
무 두꺼워서 둔해 보이기까지 하는 코트보다는, 적당한 두께감의 코트 안에 니트
나 셔츠, 그 안에 티셔츠를 레이어드해서 입어 보온성을 높이는 것이 현명하다.

코트에 있는 단추란 단추는 다 잠그지 말자

너무 추워 목도리를 감아 두를 만큼 추운 날이 아니라면 여유 있게 단추를 푸는 것
이 시각적으로 편안하고 슬림해 보인다.

단색 원단의 코트를 선택하자

너무 화려한 컬러나 지나친 비비드 컬러 혹은 국내 유명한 디자이너를 연상시키
는 체크 등은 삼가자.

목도리로 단조로움을 탈피하자

자칫하면 겨울이라는 계절의 특성상 전체적으로 옷의 톤이 어둡고 상하의가 톤이
비슷해 단조롭고 지루해 보일 수 있다. 색상은 같은 계열의 좀 더 밝거나 더 어두운
톤으로 선택하고, 소재가 부드러운 재질의 목도리를 늘어뜨려 재미를 주는 것이

좋다. 비슷한 체크 머플러로 포인트를 주는 것도 좋은 방법이다.

수트와 함께 입기 위해 반드시 체크할 사항

추운 겨울, 수트를 입고 그 위에 코트를 입고 거울을 바라보면 굉장히 우스꽝스러운 모습을 발견하게 된다. 이는 수트의 부피감 위에 코트 안감이 겹쳐지며 그 마찰로 인해 몇 배의 부피감이 늘어난 결과이다. 수트를 입은 후 그 위에 입을 코트라면 테일러 샵에서 맞추는 것이 가장 좋다. 하지만 기성복을 구입하는 경우라면, 수트를 입은 상태에서 샵에 방문해 그 위에 코트를 입어보고 구입하는 것이 좋다.

가장 중요한 체크 포인트는 어깨와 팔 기장을 확인하는 것이다. 수트의 어깨 각이 코트와 잘 맞아떨어지는지 확인하라. 만약 크다면 남의 옷을 얻어 입은 것처럼 보이고 작다면 활동하기 불편할 것이다.

어깨가 맞는다면 이제 팔기 장을 체크할 차례이다. 수트의 원단이 코트 밖으로 나오면 정말 보기 안 좋다. 수트의 소매원단이 보이지 않을 정도로, 손등의 반 정도를 덮는 길이의 코트를 선택하기 바란다. 길이는 자신의 키와 비례한다. 키가 작은 경우 무릎 위의 길이를 추천하며, 키가 커서 무게감 있고 중후한 느낌을 주고 싶다면 무릎 아래 길이도 좋다. 다만 수트와 함께 입을 코트라면 더플코트는 피하는 것이 좋다.

C O L U M N

패딩점퍼

정말 손발이 떨어져 나갈 것처럼 추운 겨울, 아무 생각도 하기
싫고 두꺼운 장갑에 따뜻한 외투가 필요한 날에는 패딩점퍼
가 최고이다. 이런 날에는 따뜻한 패딩점퍼 하나만 입으면
세상에서 제일 행복한 사람이 될 수 있다.

다양한 느낌과 멋스러움을 보여주는 패딩점퍼는 쌀쌀한 겨
울을 대비해서 한두 벌쯤 옷장 속에 넣어두어도 좋을, 아니
한두 벌쯤은 옷장 속에 꼭 넣어두어야 하는 아이템이 아닌가
싶다. 비단 우리나라에서만 유행하는 것이 아니라, 세계적으
로도 자주 애용되는 겨울 필수 아이템이기도 하다.

예전의 패딩점퍼는 보온성에만 치중해 두께가 굉장하고
시각적으로도 투박해 보여서 꺼려지는 것이 사실이었다.
그러나 최근에는 다양한 색상과 몸에 적당히 딱 맞고 길이도
짧아진 디자인들이 많이 나와 있다.

매 시즌 다른 디자인들도 많이 나오고, 프리미엄 라인의 패딩
점퍼도 인기를 끌고 있기 때문에 여유가 있다면 디자인과
보온성 모두 뛰어난 패딩점퍼를 눈여겨보도록 하자.

T-Shirts
&
Shirts

티셔츠를
잘 입는 데도
노하우가
있다

티셔츠는 전 세계 남성들이 가장 많이 입는 아이템이다. 간편하고 손쉽게 입을 수 있는 옷이며, 언제나 편하게 입기 때문에 속옷만큼이나 친숙하고 늘 함께 하는 아이템이기도 하다. 티셔츠처럼 대중적이고, 신경을 쓴 듯 안 쓴 듯 편하게 멋을 낼 수 있는 아이템도 드물다. 흔히 하는 말로 흰 티셔츠에 청바지가 어울리는 사람이 가장 멋있다고들 하는데, 이처럼 가장 기본이라는 인식이 모든 사람에게 박혀있으며 특별한 기교 없이도 그 자체가 독자적인 멋을 낼 수 있는 아이템이다.

하지만 이처럼 간편해 보이는 티셔츠에도 많은 법칙이 있다. 티셔츠가 다 똑같지라고 생각할 수도 있지만 미세한 길이, 원단, 핏에 따라서 전체적인 이미지나 신체의 밸런스가 좋아질 수 있고 반대로 나빠질 수도 있다.

티셔츠의 기본적인 핏과 체형에 알맞은 티셔츠 코디 법을 알아보자.

내 몸에 어울리는 핏을 찾아라

티셔츠에서 제일 중요한 것은 핏이다. 물론
어떤 바지에 매칭해 입는가도 굉장히 중요
하지만 일반적으로 바지를 굉장히 크게 입
지 않는 한 티셔츠는 내 몸에 잘 맞는 것을
고르는 것이 좋다. 자신의 사이즈보다 크면
뭔가 부족해 보이는 사람처럼 느껴질 수 있
다. 반대로 너무 타이트한 티셔츠를 입으면
굉장히 답답해 보이고 체형이 완벽하지 않
는 이상 사람들에게 내 신체의 단점을 대놓
고 말해주는 격이 될 것이다.

주목할 점은 사람의 체형은 각기 다른데,
시중에 판매되는 티셔츠들은 일괄적으로
사이즈가 구분돼 나온다는 것이다. 맞춤이
아닌 이상은 자신이 좋아하는 브랜드의 티셔츠 사이즈를 알고 어떤 사이즈와 자신
이 가장 잘 맞는지를 파악하는 것이 중요하다.

대부분의 사람들은 브랜드마다 나오는 티셔츠가 다 같은 사이즈에다 같은 길이라
생각하고 있다. 하지만 그것은 큰 착오다. 브랜드마다 티셔츠의 핏과 길이가 다르다.
거기에 디자이너가 뭔가 다른 의도로 디자인한 티셔츠라면 입어보지 않고서야 절대
핏과 길이를 알 수 없다. 직접 입어보는 것이 가장 좋지만, 입어보고 사기가 많이 까

다릅기 때문에 자신의 기준 사이즈를 맞춰 판단하되, 점원에게 물어보는 것이 가장 좋은 선택을 할 수 있는 지름길이다.

체형에 따라 다른 원단을 선택하라

티셔츠를 만져보면 아주 부드러운 소재로 만들어진 것이 있는 한편, 매우 빳빳한 느낌이 드는 소재의 것도 있다. 빳빳한 소재는 상대적으로 착용했을 시 몸에 딱 맞지는 않지만, 원단 자체의 잡혀있는 느낌과 부피감 덕분에 약간 통통하거나 마른 경우 체형의 단점이 보완되어 좋다.

부드러운 원단은 상대적으로 몸에 붙어 흐르기 때문에 어깨선이나 등 부분이 강조된다. 따라서 본인에게 딱 맞는 핏으로 골라야 한다. 사이즈가 작거나 크면 원단이 주는 장점을 살리기 어렵다.

잘못 관리한 티셔츠로 인상을 망치지 않으려면

티셔츠만큼 관리가 편한 옷도 없다. 세탁기에 넣고 빨면 별 무리 없이 건조하여 입을 수 있다. 하지만 자주 입거나 시간이 지나면 흰색 티셔츠는 노랗게 변질되거나 목 부

분이 늘어나게 되어 있다. 속옷처럼 남자의 몸에 가장 밀착되는 옷이기 때문에 냄새도 많이 날 수밖에 없다. 간편하게 멋 낼 수 있는 좋은 아이템이지만 잘못하면 남자의 이미지 자체를 안 좋게 바꿀 수 있는 위험한 아이템이기도 하다. 때문에 세탁은 아무리 강조해도 모자라지 않을 것이다.

자주 입고 매치하기 쉬운 컬러는 늘 손 닿기 쉬운 곳에 수납해두자. 컬러별로 정리해두는 것도 좋은 방법이다.

단, 옷걸이에 걸어두면 목 부분이 쉽게 늘어나고 핏이 변형되므로 주의하자. 깔끔하게 개켜서 정리하는 습관을 들이는 것이 좋다.

남자의 옷장에서 빠뜨릴 수 없는 기본 아이템

티셔츠는 소매와 넥크의 디자인에 따라 입었을 때의 느낌이 많이 다르다. 아우터 안에 빠짐없이 입는 기본적인 라운드 티셔츠, V넥 티셔츠, 후디 등은 대중적으로 매우 사랑받는 아이템이다.

라운드 티셔츠

흔히 티셔츠 하면 일반적으로 떠올리는 것이 바로 라운드 티셔츠일 것이다. 라운드 티셔츠는 프린트가 찍혀 있거나 별다른 포인트가 없다면 가장 기본적인 핏에 맞춰 고르는 것이 좋다. 라운드 티셔츠만큼 크게 입거나 작게 입었을 때 꼴불견인 것도 없다.

세탁 시에도 라운드 티셔츠는 목 부분이 늘어가거나 뒤틀리지 않게 잘 보관하는 것이 중요하다. 라운드 티셔츠는 어떤 재킷, 베스트, 카디건에나 잘 어울린다. 단, 컬러 매치가 잘되었을 경우에 한해서다. 라운드 티셔츠는 어떤 브랜드의 것이든 크게 다르지 않다. 만약 다르다면 라운드 티셔츠가 주는 심심한 부분을 커버하는 포켓이나 프린트 정도일 것이다. 중요한 것은 자신이 원하는 느낌의 핏과 색상임을 명심하길 바란다.

PLUS TIPS **우리는 제임스 딘이 아니다**

라운드넥 디자인에서 기본적인 흰색은 피하자. 자신이 진을 많이 입는지 면바지를 많이 입는지를 파악하고 남색, 브라운, 그레이 계열 중에서 선택하는 것이 좋다. 너무 튀지 않는 범위 내에서는 계절감에 맞는 컬러풀한 색상을 고르는 것도 나쁘지 않다.

V넥 티셔츠

요즘 길거리를 다니다 보면 V넥 티셔츠를 입고 다니는 남자들을 쉽게 볼 수 있다. 개인적으로도 많은 남자들에게 추천하는 아이템이다. 라운드 티셔츠는 너무 기본적이라 멋스럽다는 느낌을 주기 어렵고, 프린트가 있는 티셔츠는 쉽게 질리기 마련이다.

하지만 V넥 티셔츠는 어떤 아이템과 매치해도 자연스럽고 멋스러운 느낌을 줄 수 있다.

또한 목 부분이 파여 있기 때문에 목이 짧은 경우 단점을 커버할 수 있고 어깨가 쳐진 경우에도 보완되는 장점이 있다. 게다가 네크라인 너머로 보이는 가슴이 섹시함마저 어필하니 일석이조의 효과를 보는 셈이다.

흰색 V넥 티셔츠는 청바지 위에 입으면 심플하고 깔끔한 느낌을 줄 수 있다. 이외에도 너무 튀는 색상만 아니라면 두루 코디할 수 있는 것이 장점이다.

티셔츠의 생명은 핏

길이가 너무 길거나 핏이 너무 루즈할 경우에도 정말 없어 보이기 마련이므로 꼭 핏에 신경 쓰기 바란다. 또한 목 부분이 늘어나 명치가 훤히 드러날 정도로 입지 않기를.

폴로셔츠

대학생부터 어른까지 남녀노소 불문하고 사람들이 많이 입는 것이 피케셔츠, 일명 폴로셔츠이다. 티셔츠이지만 셔츠처럼 칼라가 달라 있고 단추가 있는 티셔츠를 말한다. 굉장히 캐주얼한 느낌을 주며, 스포티한 느낌까지 어필할 수 있는 것이 장점이다.

폴로셔츠는 청바지, 면바지에도 굉장히 잘 어울리고 재킷 안에도 매치하기 쉽다. 다양한 매치를 통해 여러 가지 분위기를 연출할 수 있는데, 캐주얼하게 연출하고 싶을 때는 폴로셔츠의 기본적인 원단 재질에 밝은 컬러를 선택한다. 보다 클래식하고 비즈니스적으로 연출하고 싶다면 울 같이 좀 더 부드러운 원단에다 단색의 모노톤 컬러를 선택하는 것이 좋다.

절대 단추를 끝까지 채우지 말 것!

너무 답답해 보여서 보는 이들조차 숨이 막힌다. 그리고 바지 안으로 넣어 입지 말 것. 또 폴로셔츠는 유독 길이가 긴 것들이 있고 앞 몸판 길이와 뒷길이가 차이 나고 통이 너무 커 늘어지는 경우가 있는데 구입할 때 꼭 유의해야 한다.

후디

예전과 다르게 핏이 좋은 티셔츠 위에 후디를 입어 스타일리시한 느낌을 주는 남자들이 많아졌다. 그런 걸 보면 남가들은 일단 멋지니 아름다우니 하는 것을 떠나 편한 것을 가장 좋아한다는 사실이 실감된다.

요즘은 딱 맞게 입은 후디에 적당히 핏이 좋은 티셔츠를 매치하면, 격식 있는 자리를 제외한 어떠한 자리에 가도 별 무리 없는 시대이다. 스포

티하면서도 캐주얼해 보이고 원단이나 칼라에 따라 귀엽기도 하고 어려 보이는 장점까지 누릴 수 있다. 몸집이 너무 크면 좀 부담스러울 수 있지만 어두운 컬러를 심플하게 코디한다면 완벽한 보완이 가능하다.

학생이라면 편하고 스타일리시하게 입을 수 있으며, 직장인들에게는 쉬고 싶은 주말 여자친구와의 데이트에 활용하기 좋은 아이템이다.

 너무 튀는 칼라보다는 그레이나 블랙 계열이 좋다

너무 튀는 칼라보다는 그레이나 블랙 계열이 좋다. 착용 시 모자가 뒤로 넘어가 목이 보이는 것은 피하며, 앞쪽의 패인 부분이 깊은 것을 구입하자. 사이즈는 꼭 딱 맞는 것을 구입하도록 한다.

스웨트 서츠

일반적으로 남자들은 대학교 로고 티셔츠나 단체 맞춤 티셔츠로 이해하고 있을 것이다. 봄가을 면바지에 매치해 잘 입으면 계절감에도 맞고, 귀여운 이미지를 연출할 수도 있다. 하지만 자주 입기에는 애매모호한 아이템이고 전체적으로 라인이 뚜렷하지 않아 코디하기가 매우 까다롭다. 여성복은 여러 변형된 디자인이 많고 여러 방면으로 연출이 가능하지만 일반적인 남성들이 스타일링 하기에는 조금 힘든 아이템이다. (그냥 대학교 로고 티셔츠로만 남아있었으면 한다.)

필자는 사람들에게 셔츠 예찬론을 펼치고
는 한다. 티셔츠도 굉장히 편안하고 그 자체
로도 멋스러운 아이템이지만, 아무래도 격
식을 차리기엔 모자라다. 그에 반해 셔츠는
보다 정리되어 보이고 사람 자체를 깔끔해
보이도록 만드는 장점을 가지고 있다. 남성
이든 여성이든 정갈한 화이트 셔츠를 입은
사람들을 보면 왠지 모르게 '깨끗하다', '단
정하다'는 인상을 받게 되지 않던가?
　필자가 가장 사랑하는 아이템 역시 수트

를 입을 때에 완성도를 말해주는 드레스셔츠, 평소에 즐겨 입는 데님팬츠와 함께 매치하면 단정함과 편안함을 동시에 연출할 수 있는 캐주얼셔츠이다.

이처럼 셔츠는 크게 드레스셔츠와 캐주얼셔츠로 나눌 수 있다. 디자인의 차이 또는 전혀 다른 셔츠라는 개념이 아니라, 드레스에서 느껴지는 격식과 캐주얼이란 단어에서 느껴지는 편안함, 그런 의미와 느낌으로 나뉜다고 생각하면 편할 것이다. 먼저 드레스셔츠에 관해 알아보자.

드레스셔츠란 무엇인가?

필자는 업무상 미팅이 있거나 가족행사, 교수님들을 찾아뵈러 갈 때에는 꼭 수트를 입고 나가는데, 그렇지 못한 날에는 적어도 드

레스셔츠만은 반드시 챙겨 입는다. 단정한 느낌을 줄 수 있기 때문이다. 이처럼 셔츠는 그 자체만으로도 남성에게 완벽한 하나의 아이템이 되어준다.

드레스셔츠는 우리가 흔히 와이셔츠라 부르는 그것이다. 어렸을 적부터 꾸준히 들어왔기 때문에 드레스셔츠보다 오히려 익숙할 것이다. 하지만 이는 잘못된 표현으로 우리 세대부터는 반드시 고쳐야 할 말이다. 와이셔츠라는

국적불문의 단어도 기분이 나쁘지만, 일단 수트와 함께 격식과 품위를 완성시키는 드레스셔츠의 올바른 이름을 찾아 부르는 것에 의미를 두었으면 한다.

셔츠는 수트나 재킷과 함께 매치하는 것이 기본이다. 때문에 드레스셔츠의 구조와 패턴은 수트와 많이 닮아 있다. 인체의 곡선을 반영하여 만들어져 움직임이 편안할 뿐 아니라, 가슴과 허리 혹은 복 부분의 남에게 보여주고 싶지 않은 신체적인 단점을 효율적으로 보완해준다.

그러므로 아무리 비싼 것이라도 내 몸을 이해하지 못하고 만들어졌다면 좋은 셔츠라고 할 수 없다. 내게 최고의 드레스셔츠는 내 몸과 정확한 궁합의 핏, 소재 ㅡ 이 두 가지를 고려하여 만들어진 것을 말한다. 이 점을 반드시 명심하자.

드레스셔츠,
제대로
고르는 법

모든 옷이 마찬가지이지만 유독 드레스셔츠는 딱 맞는 옷을 입는 것이 매우 중요하다. 책을 읽다 보면 슬림 핏, 루즈 핏, 젊은 사람에게 알맞은 드레스셔츠의 핏 등 관련 글들이 많이 눈에 띈다. 하지만 그것은 내 견해와는 많이 다르다. 필자는 그중 어떤 핏도 추천하지 않는다. 추천하고자 하는 것은 오로지 '자신에게 맞는 핏'뿐이다.

필자는 유독 팔이 긴 편으로 그에 비해 체형이 짧고 약간 마른 편이다. 그렇다 보니 제 아무리 명품 드레스셔츠라 하더라도 너무 큰 듯한 느낌을 받았다. 독자 여러분 역시 기성복과 딱 맞는 몸을 가진 경우는 드물 것이다. 무엇보다도 핏이 중요한 드레스셔츠에서 이런 점은 문제가 될 수밖에 없다.

내 몸에 잘 맞게 재단되어 만들어진 맞춤 드레스셔츠를 고른다면 핏에 대한 걱정이 줄어들 것이다. 요즘은 기성복에 비해 맞춤 셔츠의 가격이 비싼 편도 아니기 때문에 화이트 셔츠를 시작으로 천천히 자신에게 맞는 드레스셔츠를 맞춰 나가는 재미 또한 남다를 것이다.

그래도 기성복을 사야 할 경우에 체크할 점

기성복을 구입할 시 주의할 점은 목둘레와 팔 기장 몸판의 둘레이다. 평균적인 데이터를 가지고 옷을 생산하기 때문에 자칫 일반적인 체형보다 팔이 긴 사람 혹은 짧은 사람에게는 옷이 맞지 않을 수 있다. 목이 두꺼운 경우, 티셔츠와 달리 셔츠 목 부분 원단과의 마찰로 인해 목에 상처가 생기거나 단추가 잠기지 않는 문제가 생길 수도 있을 것이다.

또한 기존 자기가 알고 있던 사이즈로 모든 브랜드를 같이 생각하여 구입해서는 안 된다. 각 브랜드마다 기준 사이즈에 조금씩 차이가 있기 때문에 옷이 맞지 않을 수도 있다. 셔츠는 반드시 입은 채로 단추를 잠가보고, 불편한 점이 있다면 점원에게 꼭 물어봐서 자신에게 가장 잘 맞는 사이즈를 선택하

도록 한다.

드레스셔츠의 가치는 소재에서 판가름된다

좋은 셔츠와 나쁜 셔츠를 구분하는 기준은 무엇일까? 바로 '소재'다. 이 점은 드레스셔츠나 캐주얼셔츠나 모두 동일하다.

특히 드레스셔츠의 옷감은 피부에 직접 닿기 때문에 더욱 신중해야 한다. 편안하면서 건강에도 좋은 셔츠의 소재는 언제나 의심할 여지없이 100% 면이다. 순면으로 만든 드레스셔츠는 다른 소재로 만든 셔츠보다 품위 있어 보이고 정갈해 보일 뿐 아니라 땀을 흡수해주기 때문에 쾌적함까지 더해준다.

셔츠를 맞추러 가면 다양한 원단을 보여준다. 종종 실용성 때문에 평소 구김이 덜 가고 다림질이 쉽다는 이유로 다른 재질을 권유하기도 하는데, 이 책을 읽었다면 여름철 리넨 원단을 제외하고는 100% 면 소재를 선택하길 바란다.

나에게
어울리는
디자인을
찾아라

드레스셔츠를 고를 때 관심 깊게 봐야 할 부분은 몸판, 칼라, 커프이다. 물론 그 외에도 주머니나 디테일한 디자인이 추가될 수 있지만 그것은 개인의 성향이지 기본적인 드레스셔츠의 디자인에는 필요하지 않다.

그중에서도 가장 중요한 것은 셔츠의 칼라인데, 수트를 입었을 때 타이와 함께 외관으로 노출되는 것이 칼라이기 때문이다. 그만큼 전체적인 완성도나 이미지에 큰 영향을 줄 수 있다.

목 주위를 둘러싼 셔츠 칼라의 각도나 사이즈는 무엇보다도 셔츠를 입는 본인의 얼굴과 자연스러운 밸런스를 이루는 것이 이상적이다. 예를 들어, 얼굴이 넓적한 사람이 각도가 좁은 셔츠를 입으면 굉장히 부자연스럽고 넓적한 얼굴이 더욱 부각된다. 반대로 좀 작은 얼굴을 가졌는데 심하게 벌어진 각도의 칼라 드레스셔츠를 입었다면 작은 얼굴이 목선으로 자연스럽게 이어져 내려오다 몸통과는 합성인 것처럼 단절되어 이질감을 불러일으킬 것이다.

드레스셔츠의 칼라는 아주 많은 디자인이 존재하거나 매년 유행을 타는 것이 아니므로 각 개인의 신체적 특성에 맞춰 선택해야 한다.

그럼 칼라의 종류를 알아보고 자신에게 적절한 드레스셔츠 선택에 참고하도록 하자.

포인트 칼라 Point Collar

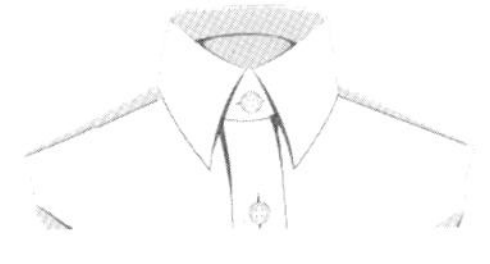

가장 흔한 드레스셔츠의 칼라이며 앵글이 정확히 60도이거나 60도 조금 모자란 각도를 보이며 양쪽의 깃이 가까운 것이 특징이다. 이 타입은 옷깃이 길어 보이므로 보는 이의 초점을 모으면서 얼굴이 길어 보이게 하는 효과가 있다. 칼라의 양쪽 각이 너무 좁거나 넓은 타입의 셔츠는 피하는 것이 좋다.

스프레드 칼라 Spread Collar

스프레드 칼라 셔츠의 가장 상위 부분까지 모두 드러내 보이는 것으로, 칼라의 앵글 각도가 90도 이상 벌어진 모양을 하는 것이 특징이다. 스프레드 칼라 셔츠는 얼굴이 긴 사람들에게 자주 추천되는데 넓은 옷깃이 시각을 분산시켜 주기 때문이다.

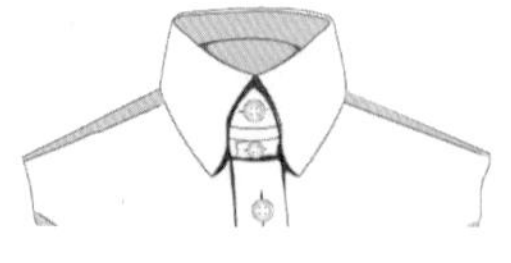

탭 칼라 Tab Collar

탭 칼라 타입은 가장 고급스러운 드레스셔츠에 디자인 된다. 한 가지 주의할 점은 탭 칼라 셔츠만큼은 꼭 타이를 착용해야 한다는 것이다. 고급스럽고 드레시한 정장에 잘 어울리고 칼라의 앵글 각이 좁고 길게 내려올 뿐 아니라, 목 깊이 올라오는 것이 특징이다. 옷깃의 길이나 사이즈는 맞춤 셔츠 전문점에서 상담받으면 원하는 대로 입을 수 있다.

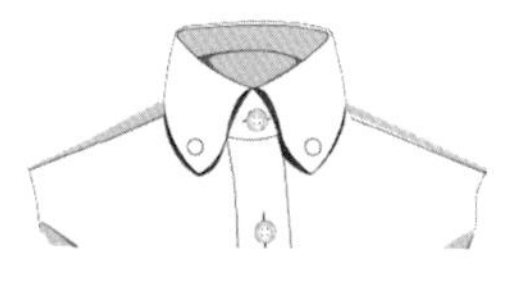

버튼 다운 칼라 Button-Down Collar

버튼 다운 칼라는 전통적이거나 포멀한 룩에 타이와 함께 매치하거나 또는 비즈니스 캐주얼 등 다양한 스타일에 적용되는 칼라 타입이다. 양쪽 칼라 끝부분에 단추가 있어 칼라가 몸판에 고정되는 것이 특징인데, 만약 버튼의 존재를 숨기고 싶다면 칼라 안쪽으로 버튼이 안 보이는 드레스셔츠를 선택하는 것도 좋은 방법이다.

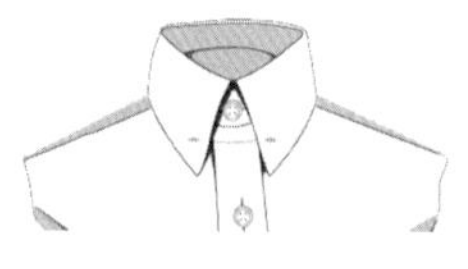

핀 칼라 Pin Collar

우리나라에서는 흔하지 않지만, 핀 칼라만큼 비즈니스 맨에게 가장 잘 어울리는 칼라는 찾아보기 힘들다. 실례로 어느 남성복 매장을 가보더라도 점원들이 권유하는 것은 핀 칼라가 대부분이다.

스프레드 핀 칼라는 정갈하고 깔끔한 느낌을 줄 때 좋으며 라운드 핀 칼라는 칼라 끝단이 둥근 모양을 하고 있어 부드럽고 온화한 느낌을 연출할 때 입으면 효과적이다.

커프

남성들의 대부분은 커프(소매)가 심플한 드레스셔츠를 입고 싶어 한다. 과한 커프는 사회생활과 개인적인 성향이 맞물려 거부감이 들 수도 있기 때문이다. 일반적으로 깔끔하고 겸손한 인상을 주기 알맞은 것으로는 배럴 커프Barrel cuffs[*] 가 있다.

배럴 커프는 드레스셔츠의 커프 버튼 스타일의 한 종류로서 포멀한 커프 스타일로 손색이 없다. 배럴 커프에는 커프 링크보다는 버튼이 사용되는데, 일반 직장인들이 주로 입는 드레스셔츠의 전형적인 커프 스타일이라 할 수 있겠다. 멋도 좋지만 일반적인 기업에 일하는 직장인이나 취업을 대비하는 학생에게는 배럴 커프를 강력 추천한다.

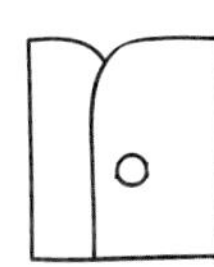

*배럴 커프

이외에도 소매가 길어 한번 접어 입는 것을 백 커프스turn back cuffs[*]라 한다. 그리고 한번 접어 커프 링크로 고정하여 잠그는 디자인을 프렌치 커프French cuffs[*]라고 하는데, 처음 접하면 과해 보이고 부담

*백 커프스

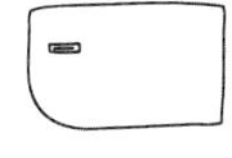

*프렌치 커프스

스러운 느낌을 줄 수 있지만 실제로 입으면 굉장히 격식을 차려입은 듯한 느낌을 주며 고급스러운 멋쟁이로 거듭날 수 있다. 직장인이나 학생들이 평상시 입기에는 다소 과한 느낌이므로, 특별한 날 특별한 사람이 되고 싶을 때 시도해보는 것이 좋겠다.

몸에 맞는 드레스셔츠 하나만 잘 입어도 충분히 멋쟁이가 될 수 있다. 정갈함과 섹시함을 동시에 표현할 수 있는 드레스셔츠, 드레스셔츠를 잘 입는 데도 요령이 있다. 다음의 다섯 가지 원칙만 기억해두자.

내 체형에 맞는 드레스셔츠를 맞춰 입자

사람마다 체형이 모두 다르다. 드레스셔츠는 크거나 작게 입으면 굉장히 볼품없어 보이며, 개개인이 원하는 칼라나 커프의 모양도 모두 다를 것이다. 나 자신에게 딱 맞는 셔츠를 선물하자.

기본 색상은 화이트로!

어떠한 디자인이든 화이트는 기본이다. 화이트 컬러는 어떠한 수트와도 잘 어울린다. 화이트와 블루 컬러를 기본으로 코디하며 점점 자신이 원하는 코디에 수월한 색상을 늘려가도록 하자.

면 100%를 고집하자

셔츠는 원래 수트의 속옷과도 같은 개념이다. 그렇기 때문에 드레스셔츠 안에는 러닝셔츠를 입지 않는 것이 원칙이다. 언제나 기억할 것을 당부한다.

셔츠 소매가 재킷의 소매보다 길어야 한다

반대로 이는 재킷 소매의 길이를 너무 길게 하면 안 된다는 뜻이다.

오리지널 드레스셔츠에는 주머니가 없다

베스트(조끼)를 입지 않는 비즈니스맨들이 늘어나며 베스트의 주머니 대용으로 만들어진 것이 셔츠의 주머니다. 주머니가 없는 것이 오리지널이라는 것을 알아두길 바란다.

캐주얼셔츠는 말 그대로 캐주얼한 느낌의 셔츠이다. 그렇다고 해서 '수트에 입으면 안 되겠다'는 식이 아니라, 데님팬츠나 치노팬츠와 매치하기 용이하고 티셔츠 위에 자연스럽게 입으면 굉장히 멋스러우며 활동적인 느낌을 줄 수 있는 셔츠라고 이해하면 될 것이다. 드레스셔츠는 수트와 함께 격식이나 전통을 따라 정석적인 방법을 추구하지만 캐주얼셔츠는 자유로운 분위기에서 나만의 개성을 나타내고 매력을 발산하기 좋다.

캐주얼셔츠를 멋스럽게 입는 방법

캐주얼셔츠의 느낌을 가장 잘 전달할 수 있는 것은 원단 소재이다. 많은 경우 체크와

옥스포드 소재로 만들어지는데, 체크는 색상과 체크의 패턴에 따라 다양한 느낌을 줄 수 있고, 체크 자체의 다양한 색감 때문에 팬츠와 색상을 매치하기 용이하다.

한편 대중적으로 가장 많이 입고 언제나 유행에 상관없이 무난히 입을 수 있는 옥스포드 소재는 어떠한 자리에도 무난히 어울린다. 치노팬츠와 매치하면 미니멀하고 클래식한 느낌을 더해줘 지적이고 깔끔해 보이는 효과가 있다.

최근에는 세계적으로 데님셔츠가 각광을 받고 있는데 이는 데님 자체가 갖고 있는 터프한 매력이 남성적인 이미지에 정제되지 않은 강렬함을 더해주기 때문이 아닐까 생각된다. 데님셔츠의 경우 브라운 컬러의 치노팬츠나 캐주얼한 정장 바지에 굉장히 잘 어울린다. 단, 같은 소재인 데님팬츠와 매치해 입지는 말 것!

PANTS

바지의 핏이
스타일의
절반을
규정한다

남자의 옷에서 가장 기본이 되는 것은 무엇일까? 셔츠, 재킷, 코트 등은 다른 아이템으로 대체가 가능하지만 도저히 대체 불가능한 아이템이 있으니 바로 팬츠, 즉 바지이다. 옷의 기본인 바지는 코디에 있어 가장 큰 부분을 차지한다 해도 과언이 아닐 정도로 중요하다.

바지라고 해서 다 똑같은 바지가 아니다. 바지에도 많은 종류가 있고 그 종류는 소재와 핏에 따라 나뉜다. 어렵게 말을 풀어놓는 것 같아도 알고 보면 상당수는 이미 당신의 옷장에 갖춰져 있는 아이템일 것이다. 예를 들어 치노팬츠와 데님팬츠라고 표현하면 낯설게 들리겠지만, 실은 당신이 한두 벌쯤 가지고 있는 면바지와 청바지에 다름 아니다.

대부분의 남자들이 선호하는 것은 치노팬츠(면바지)와 데님팬츠(청바지)이다. 그러나 회사 방침이나 분위기 때문에 평일엔 치노팬츠를 입기 어렵거나 연령이 높아 데님을 꺼리는 경우도 있다. 이처럼 선호하는 소재는 나이와 직업에 따라 달라지는 반면, 핏은 개인의 취향이나 체형에 따라 많이 달라진다. 생각해보라. 다리가 짧거나 두꺼운 사람이 선호하는 재질과 핏, 마르고 긴 다리를 가진 사람이 선호하는 재질과 핏은 다를 수밖에 없지 않겠는가.

이번 장에서는 자신의 체형에 어울리는 핏과 재질에 따른 팬츠의 종류를 알아보고 자신에게 맞는 팬츠를 찾아보도록 하자.

바지의 핏은 육안으로 보아도 많이 다르기 때문에 쉽게 구분할 수 있다. 다리의 길이와 체형에 따라 각자 어울리는 핏이 있고, 또 같은 상의에 여러 가지 핏의 바지를 코디하면 전혀 다른 느낌을 낼 수 있기 때문에 핏은 굉장히 중요한 요소이다.

스트레이트 팬츠

맨 아래 밑단부터 무릎까지 접었을 때 일자로 떨어지는 스트레이트 라인의 바지를 뜻한다. 정확히 일자로 떨어지기 때문에 깔끔해 보이고 다리가 곧아 보이는 장점이 있다.

가장 무난하게 입을 수 있으며 어떠한 옷에 코디하든 어울린다.

주의할 점은 바지 길이다. 신발을 신었을 때 길어서 아래쪽이 접히면 보기도 싫을 뿐 아니라 다리가 짧아 보일 수 있기 때문에, 스트레이트 팬츠의 길이는 딱 맞게 떨어지는 것이 좋다.

부츠컷팬츠

바지 맨 아래 밑단부터 무릎까지 접어 올렸을 때 밑단이 무릎보다 더 넓은 바지를 일컫는다. 흔히 나팔바지라고도 하는데, 외국 같은 경우는 부츠컷 안에도 슬림과 와이드로 분류하여 더 미세한 핏의 차이를 주는 브랜드도 많이 있다.

외국에서도 많은 남성이 선호하지만, 국내 시장에서 부츠컷의 인기는 대단하다. 다리가 더 가늘고 길어 보이는 착시효과를 주기 때문에 하체가 굵고 짧은 사람에게는 매우 유용한 아이템이다.

스니커즈에도 잘 어울리고 굽이 있는 구두에도 잘 어울려 여러 느낌의 코디가 용이한 장점이 있다.

스키니팬츠

스키니는 전체적으로 다리에 타이트하게 달라붙는 라인의 바지로서, 옷이 걸려있을 때 무릎 아래로 밑단까지 점점 좁아지는 것이 특징이다.

처음에는 해외에서 각광받아 국내에서도 젊은 층을 필두로 유행하였으나 이제는 하나의 라인으로 자리 잡아 데님 브랜드와 해외 유명 브랜드를 중심으로 꾸준히 출시되고 있다. 그러나 사실 스키니팬츠는 소수의 남성들을 위한 바지이다. 다리가 두껍고 짧은 남성들은 용기 내어 시도하더라도 낭패를 보기 십상이고 매치해 옷을 입기도 까다롭다.

만약 딱 붙는 스키니팬츠를 입기는 좀 부담스러우나 한 번 시도해보고 싶다면, 한 사이즈 크게 입어보기를 추천한다. 스키니 라인의 바지를 넉넉한 핏으로 입으면 스트레이트 팬츠가 줄 수 없는 슬림하고 트렌디한 느낌을 줄 수 있다.

베기팬츠

힙이 포인트로 강조되어 허벅지 무릎 발목 순으로 점점 좁아지는 핏을 말한다. 베기 팬츠 같은 경우는 허리에 딱 맞게 입기보다는 전체적인 길이를 맞춰 힙 중간으로 내려 입는 것이 가장 좋다.

직장 생활을 하는 입장에서는 너무 어렵고 난해한 핏의 바지로 여겨질 수 있지만, 베기팬츠에도 여러 디자인이 있기 때문에 눈여겨본 바지가 있다면 한 번 입어보고 자기만의 스타일로 해석하는 멋쟁이가 되기를 바라본다.

PLUS TIPS **핏만큼 중요한 바지의 길이**

아무리 좋은 바지에다 핏이 멋져도 길이가 너무 길어 아래 부분이 접혀 있거나 바닥에 끌리면 깔끔해 보이지 못하는 것은 물론, 다리도 짧아 보인다. 또한 반대로 너무 짧은 경우에는 남의 바지를 빌려 입은 듯 모자란 느낌을 줄 수 있다.

바지 길이는 똑바로 섰을 때 구두 굽을 살짝 덮는 정도가 가장 이상적이고 스니커즈를 신을 경우 바닥에 닿지 않는 정도가 좋다. 신발에 따라서도 많이 달라질 수 있는데, 부츠컷을 입을 경우 굽이 높은 부츠를 신었다면 길이가 살짝 오버돼도 나쁘지 않고, 로퍼를 신을 경우에는 복숭아뼈 정도까지 오는 길이가 적당하다.

"요즘 같은 날씨에는 코듀로이 팬츠도 좋아요. 요즘은 코듀로이도 부해 보이지 않게 잘 나온답니다."

이런 점원의 소개를 듣고 코듀로이가 대체 뭔가, 무슨 신소재라도 되는가 고개를 갸우뚱거리다 정작 받아 들고선 '뭐야, 골덴이잖아……'라고 생각해본 경험이 있는가? 남성들은 여성들에 비해 옷에 관심이 없고, 소재나 명칭에 둔하기 때문에 쇼핑을 하러 가서도 '이거' 아니면 '저거'로 분류하는 경우가 대부분이다. 그러나 핏에 따라 구분이 가능하듯, 소재에 따라서도 각기 불리는 이름이 다르다. 소재는 그 자체가 주는 느낌이나 재질로 인해 계절별로 분류되며, 입었을 때 느낌이 모두 다르기 때문에 꼭 알아두면 좋다.

치노팬츠

흔히 면바지라고 부르는 바지로서, 학생들이나 비즈니스맨들 모두 자주 입는 종류이다. 학생들은 캐주얼하고 스포티한 느낌으로 코디하기 쉽고, 비즈니스맨들은 테일러드 재킷에 매치하면 좀 더 편안하고 산뜻한 느낌을 낼 수 있다.

색상은 베이지가 대표적이며 네이비 색상도 많이 입는다. 이외에도 카키와 브라운이 있는데 카키색 치노팬츠는 밝은 톤의 티셔츠와 매치하면 산뜻해 보이지만, 어두운 톤의 상의와 매치하면 굉장히 어둡고 탁한 이미지 연출이 될 수 있으니 주의해야 한다.

이상의 기본적인 색상 외에 최근에는 핑크, 그린, 퍼플 등 다양한 비비드 컬러로도 나오고 있다. 산뜻하고 개성 있는 색상으로 이미지 변화에 큰 역할을 하고 있는 팬츠이다.

입던 색상만 고집할 것이 아니라, 자신이 좋아하는 색상에도 한 번쯤 도전해보길 추천한다.

바지의 지나친 구김, 어떻게 하면 좋을까

하루 입고 빨 수도 없는 노릇인데 매일 가는 구김은 어떻게 하면 좋을까? 아무리 멋을 내도 잔뜩 구겨진 바지는 깔끔한 느낌을 확실히 반감시킨다. 하루 종일 앉지 않고 서 있을 수도 없는 노릇, 간단하게 구김 없애는 법을 소개한다.

① 치노팬츠, 데님팬츠의 경우, 외출 시 바지 전용 옷걸이에 걸거나 (그런 옷걸이가 없다면) 상의용 옷걸이를 벨트 고리에 건다.

② 스프레이에 물을 담아 젖지 않을 정도로 골고루 뿌려준 후 옷장 속에 넣지 말고 환기가 잘되는 곳에 옷걸이 채 걸어둔다. 이렇게 하면 자주 접히는 무릎과 주머니 쪽 주름이 말끔히 펴져있어 다음날도 입을 수 있다. 하지만 가장 좋은 것은 스팀 다리미를 구입해 그날그날 관리해 주는 것이다.

한편 수트의 경우, 잦은 드라이클리닝은 수트의 수명을 단축시키는 요인으로, 금액 또한 자주 하면 상당히 부담될 수 있다. 이물질이 묻어 지우기 어렵거나 때가 탔을 경우를 제외하고는 단정히 걸어 스팀 다리미로 말끔히 다려주는 습관을 들이는 것이 가장 현명하다.

코듀로이팬츠

흔히 추운 겨울 보온용으로 입으며 '골덴 바지'라 불리지만, 그 골의 굵기에 따라 전혀 다른 분위기를 연출할 수 있는 멋스러운 바지이다. 골이 굵을수록 캐주얼한 느낌이 들고, 골이 가늘수록 비즈니스에 어울리는 클래식한 룩이 가능하다. 구두나 로퍼에도 굉장히 잘 어울리며, 밑단 길이를 좀 더 짧게 연출하면 신선하고 깔끔한 느낌을 살릴 수 있다.

데님팬츠

데님은 청바지의 소재를 말한다. 최근 시장의 추세를 보면 데님만큼 빨리 발전하고 유행에 민감한 아이템이 없다. 시장도 가장 빨리, 넓게 확대되었다. 그만큼 소비자들이 많고 쉽게 멋을 낼 수 있는 아이템이라는 것이다. 실제로 복장이 제한되어 있는 일부 대기업을 제외하고는 재킷에 데님팬츠를 입는 직장인들도 요즘은 쉽게 찾아볼 수 있게 되었다. 잘 매치하기만 한다면 공식적인 자리에서도 손색이 없을 정도니, 그 시작이 작업복이었던 걸 생각하면 그야말로 데님팬츠의 '전성기'라고도 할 수 있겠다.

데님팬츠는 한 벌만 잘 선택하면 어디나 멋스럽게 매치할 수 있는 편리한 아이템이다. 한편, 그만큼 '한 벌'을 고르는 데 있어 안목이 필요하다. 이어서 내게 맞는 데님팬츠 고르는 법에 대해 좀 더 자세히 알아보도록 하자.

데님팬츠는 한 번만 내게 잘 맞는 것을 구입해 놓으면 어디에도 매치하기 쉽고 자주 입을 수 있기 때문에, 남자로서는 손쉽게 옷 걱정을 반으로 줄일 수 있는 아주 고마운 아이템이다. 따라서 한 벌을 고르더라도 신중하게, 개인의 성향이나 취향에 맞는 제대로 된 한 벌을 골라야 한다.

자신의 체형에 맞은 데님팬츠를 고르기 위해 꼭 참고해야 할 사항을 알아보자.

워싱

데님은 고유의 원단색이 아닌 워싱을 통해 다양한 느낌의 컬러로 재탄생된다. 때문에 아주 깔끔한 색상부터 엄청나게 워싱이 많이 들어간 것까지 실로 다양한 색상이

존재한다.

　필자가 개인적으로는 선호하는 것은 워싱이 심하지 않은 데님팬츠이다. 필자처럼 기본적인 핏, 기본적인 컬러의 베이직한 아이템을 선호하는 경우에는 워싱이나 데미지가 많이 있는 데님팬츠는 너무 튀므로 피하는 것이 좋다. 반대로 약간 임팩트 있거나 튀는 의상을 선호한다면 좀 더 워싱이 심한 데님팬츠가 잘 맞을 것이다.

체형에 알맞은 핏

슬림, 스키니

키가 크고 전체적인 체형이 보기 좋은 사람들은 어떠한 핏을 입어도 무난히 소화할 것이다. 하지만 마르고 왜소한 사람들의 경우 슬림, 스키니 라인을 입으면 더욱더 말라보이거나 상대적으로 상체까지 부피감이 떨어져 보여 얼굴이 커 보이거나 어깨가 좁아 보이는 안 좋은 결과를 초래할 수 있다. 그만큼 슬림, 스키니진은 입기 힘들고 일반적인 남자들의 체형에 어울리기 어렵다.

만약 슬림, 스키니진 바지에 도전하고 싶다면 한 사이즈 큰 것을 선택해 약간 내려 입어 보도록 하자. 이렇게 스트레이트 느낌을 주어 상체와의 밸런스를 맞춰주는 것이 좋겠다.

스트레이트, 부츠컷

체형이 남달리 이상하다 느껴지는 남성들이 자신의 단점을 보완할 수 있는 가장 좋은 라인이 바로 베이직한 스트레이트와 부츠컷팬츠이다. 다리가 짧은 사람들은 부츠컷을 이용하자. 다리가 훨씬 길어 보이는 효과를 볼 수 있다. 하체가 마른 것이 콤플렉스라면 스트레이트 팬츠를 입어 상체와 밸런스를 맞춰주고, 다리가 휘었다면 적당히 핏이 넉넉한 스트레이트 팬츠를 입는 것이 효과적이다.

베기, 와이드

다리가 두꺼운데 와이드한 팬츠를 선택하고, 엉덩이가 유독 넓적한데 베기팬츠를 선택한다면 이것이야말로 자살 행위이다. 와이드한 바지에 다리가 더욱 부각되어 더 굵고 짧아 보일 것이며, 베기팬츠 같은 경우는 오히려 그 보여주기 싫은 엉덩이를 더욱 부각시킬 것이다.

특이한 디자인이나 변형된 핏에는 일반적인 체형이 가장 잘 어울린다. 자신의 콤플렉스는 가장 기본적인 핏에서 조금씩 보완하는 것이 중요하다.

최근에는 쉽게 구하기 힘들었던 프리미엄 데님도 많이 판매되고 있다. 여러 벌이 필요하지 않은 데님팬츠라면 어느 정도 가격을 지불해도 전혀 아깝지 않지만, 주머니 사정은 언제나 넉넉하지 않기 마련이다. 그런 독자들을 위한 희소식! 다른 종류는 몰라도, 데님팬츠만큼은 가격의 차이에 비해 눈에 띄게 디자인이나 핏이 크게 다르지 않다. 퇴근 후든 주말이든 내게 어울릴 한 벌의 데님팬츠를 찾으러 나가보자. 위의 몇 가지만 명심한다면 한동안 바지 걱정은 하지 않아도 될 것이다.

출근할 때 입어도 손색없는 데님팬츠의 룰

"청바지 입고서 회사에 가도 깔끔하기만 하면 괜찮을 텐데."

DJ DOC의 노래 중 한 구절이다. 이 노래가 나온 지도 벌써 오래전, 요즘은 내근직이라면 굳이 복장에 구애받지 않는 회사가 많아졌다. 실제로 대중교통을 이용하다 보면 편안한 캐주얼, 데님 차림으로 출근하는 직장인들도 많이 눈에 띈다. 하지만 여전히 대기업들은 수트를 입는 것을 고수하며 그 안에도 보이지 않는 룰이 여전히 존재한다.

디자인 계열이나 광고 회사 같은 경우에는 자유롭고 트렌디한 스키니팬츠나 베기팬츠 같은 경우도 문제가 되지 않겠지만 보통의 경우 회사를 갈 때에는 너무 튀지 않는 것이 좋다. 재킷이나 셔츠에 가장 잘 어울릴만한 것은 스트레이트 핏의 데님이다. 슬림 부츠컷의 핏은 스니커즈나 구두에 가장 무난하게 어울리며, 컬러도 너무 심한 데미지의 워싱보다는 무난한 다크 블루나 생지 데님의 다크 네이비 톤이 좋겠다.

자신의 위치와 개성을 반영하면서도 튀지 않고 편안해 보이는 데님룩을 지향하는 것이 가장 바람직하다.

SUIT & TIE

남성복을 이야기할 때 수트를 빠뜨린다면 아무 의미가 없다. 남자에게 수트란 남자 그 자체를 의미하는 것이다. 수트를 보면 그 사람의 직업과 성향, 직위까지도 알아볼 수 있다.

개인적으로, 남자가 한 살 한 살 나이를 먹어가면서 가장 자주 입고 잘 입어야 하는 옷은 수트가 아닐까 생각한다. 업무상의 만남과 쌓여가는 인맥 속에서 신뢰를 주고 단정함을 전달하는 데 수트만큼 탁월한 옷은 없기 때문이다. 때문에 수트는 필자가 가장 선호하는 아이템이기도 하다.

그런데 이런 중요성에 비해 수트에 대한 인식은 아직까지 낮은 편이다. 혹시 당신 도 수트를 '스타일링이 따로 필요 없고 어디서 구입하든 아래위 같은 원단의 옷으로 다 똑같고, 그나마 입을 때 아무 고민 없이 입을 수 있는 옷'이라고 생각하고 있는 것은 아닌가?

눈코뜰 새 없이 바쁜 생활 속에서 어느새 많은 남성들이 유니폼처럼 편하게 생각하는 옷이 되어버렸지만, 사실 수트는 그야말로 남성을 대표하고 오랜 시간을 함께해온 아이템이다. 제대로 이해하기만 하면 수트는 그저 매일 입는 옷이 아닌 마음과 행동거지까지도 바꿀 수 있는 복장이 되어줄 것이다. 지금부터 수트의 종류와 스타일링에 대해 살펴보도록 하자.

영국 스타일 vs. 이탈리아 스타일

수트는 중세 귀족들이 입던 화려한 갑옷에서 군복으로, 군복에서 시간의 흐름에 따라 변형되어 지금의 형태로 발전된 것이다.

수트의 본 고장을 꼽으라면 단연 영국으로, 영국은 그 자체가 '신사의 나라'로 불릴 정도로 남성의 수트 스타일이 국가를 대표하는 이미지로까지 발전되었다. 그렇다 보니 그들이 입는 스타일은 전 세계의 교본이기도 하다. 영국인들은 한 벌의 수트를 위해 엄청난 장인정신으로 정성을 기울여 만들며, 그것을 입는 이들도 어떻게 입어야 하며, 어떻게 관리해야 하는지 정확히 알고 있다. 현재는 남성 패션 자체의 중심 이동 때문에 이탈리아 스타일, 영국 스타일이라는 말들을 하지만 기본적으로 클래식 수트의 원형은 영국이란 사실을 알아두자.

이처럼 영국 스타일이 가장 클래식한 수트를 가리킨다면, 이탈리아 수트 스타일은 약간 넓은 어깨에 조금 들어간 허리선, 곡선 처리된 아랫단 등이 특징이며 착용감이 편하고 외형적으로는 세련된 느낌을 준다. 최근 이탈리아 패션이 세계적으로 인정받으면서 수트 또한 널리 착용되고 있으며 캐주얼 라인까지 폭넓게 응용되고 있다.

패션 스타일링 곳곳에서 이탈리아 남자들 특유의 센스, 위트와 발랄함을 엿볼 수 있는 것도 특징이다. 국내에서도 심심치 않게 볼 수 있듯, 재킷에 브로치를 달거나 재킷 단추를 기존의 틀에서 벗어난 실버나 골드로 달아 아주 신선하고 재기 발랄한 느낌을 주는 것이 대표적인 예이다.

유러피안 스타일

위의 영국 스타일과 이탈리아 스타일이 적절히 녹아있는 것이 유러피안 스타일이다. 유러피안 스타일은 몸에 꼭 맞는 모양으로 각이 진 어깨와 좁은 소매, 두 개의 앞여밈 단추로 되어 있으나 뒤트임이 없는 것이 특징이며 아메리칸 스타일보다 다소 경직된 느낌을 준다.

격식에 엄격한 유럽인의 기호를 잘 나타내 포멀하게 입는 경우가 많다. 몸의 곡선을 유연하게 잘 표현해 내어 꾸준히 사랑받는 스타일이다.

아메리칸 스타일

이외에도 아메리칸 스타일의 수트가 있다. 아메리칸 스타일은 미국인들의 실용적인 감각과 멋을 살린 박스 형태의 수트이다. 활동하기가 매우 편하며 주로 기능성에 주 안점을 두고 디자인한다. 보통 재킷의 뒷부분에 트임이 있는데, 뚱뚱하거나 마른 체형일 경우 아메리칸 스타일을 입으면 결점을 감추기 좋다.

이외에도 각 디자이너별로 어느 스타일에 속하지 않는 다양한 현대적인 감성들과 자신의 취향을 적적히 믹스해 내놓은 여러 가지 수트들이 있다. 이처럼 다양한 스타일 속에 다양한 디자인이 존재하며, 그 안에서 다양한 컬러가 믹스되어 수트를 완성한다.

체형에
맞는
버튼
선택법

수트의 버튼(단추)은 단순히 열고 잠그는 단추가 아니다. 그 종류에 따라 체형과 분위기를 바꿀 수 있는 힘이 있으며 단추를 잠그는 데도 법칙이 존재한다. 가장 흔히 볼 수 있는 종류는 버튼이 일렬로 달려 있는 싱글 브레스티드와 어른들이 통상'더블'로 부르는 두 줄 버튼의 더블 브레스티드가 있다.

싱글 브레스티드에는 원 버튼, 투 버튼, 쓰리 버튼이 있다. 클래식 수트의 기본은 쓰리 버튼이지만 대중적으로 많이 소비되는 것은 투 버튼이다.

싱글 브레스티드

원 버튼

원 버튼은 여러 디자이너 브랜드 수트에서 쉽게 찾아볼 수 있지

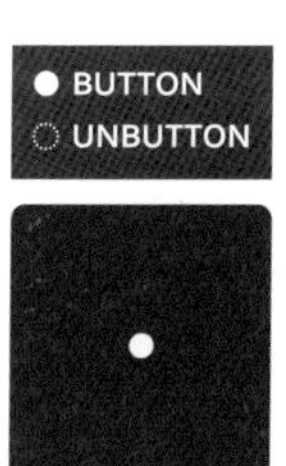

만 클래식 수트라고는 할 수는 없다. 스키니팬츠나 슬림한 핏의 바지와 굉장히 잘 어울린다. 키가 크고 슬림한 핏의 옷을 즐긴다면 굉장히 좋은 아이템이다. 그러나 키가 작다면 반드시 피해야 할 아이템이기도 하다.

투 버튼

투 버튼은 얼굴이 통통하거나 넓적한 남성에게 좋다. 어떻게 보면 일반적인 동양인에게 가장 적합할 수도 있다. 서양인에 비해 골격이 크지 않고 얼굴이 넓적하며 어깨가 넓지 않으므로 그 단점이 적절히 보완될 것이다. 재킷의 옷깃 선을 깊게  파서 세로선을 강조하기 때문에 통통한 이들에게 굉장히 효과적이다.

투버튼을 입을 때에는 두 개의 단추 중 윗단추만 잠근다.

쓰리 버튼

가장 기본적인 클래식이 바로 쓰리 버튼 수트이다. 그 자체만으로도 전통을 존중 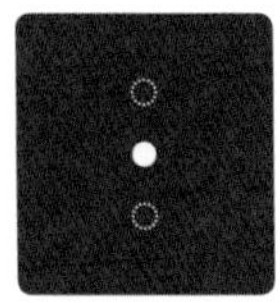 하고 이어가는 디자인이란 면에서 가장 의미가 있다. 키가 작은 이들에게도 잘 어울리는 수트이다(하긴 키가 크면 수트 자체가 전부 잘 어울릴 것이다). 쓰리 버튼 수트의 버튼은 중간만 잠근다.

더블 브레스티드

개인적으로 잡지를 보든 외국 출장을 가던 더블 브레스티드는 정
말이지 모든 남자의 로망이자 수트의 꽃이 아닌가 싶다. 키가 작은
이들이 입어도 어울리며, 연령을 불문하고 멋스러움을 풍긴다. 특
히 외국의 노인들이 입은 것을 볼 때면 매번 감탄하게 된다. 파트 4
의 스트리트 패션에서도 볼 수 있겠지만 더블 브레스티드는 라펠을 키우고 겹쳐 잠
그는 특성상 뭔가 그 자체만으로도 여유와 풍요로움을 내뿜는 것 같다.

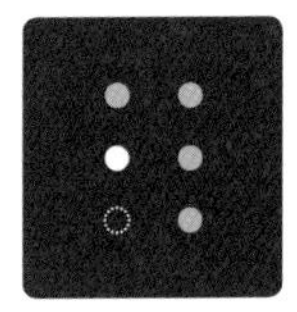

　수트를 자주 입을 수 있는 여건이 아니라면 망설여지겠지만, 싱글 수트가 여유 있
다면 더블 브레스티드 수트를 장만하는 것을 강력 추천한다. 이때 셔츠는 각도가 넓
은 와이드 스프레드 셔츠에, 구두는 끈이 있는 것으로 신어주면 좋다. 더블 브레스티
드 수트의 버튼은 맨 위의 장식 버튼을 빼고 가운데 버튼 하나만 잠근다.

수트의 색에
따라
이미지가
달라진다

수트에서 가장 중요한 것 중 하나가 원단 컬러(색상)이다. 이와 관련해 예전에 명동에서 있었던 일을 소개할까 한다. 선선한 봄날, 친구들을 만나기로 약속하고 먼저 도착해 기다리고 있을 때, 멀리서 친구가 나를 발견하고 웃으며 손 흔드는 것이 아닌가. 엄청난 인파 속에서도 단번에 알아볼 수 있을 정도로 눈에 띄었는데, 재킷이 머스터드 소스 색상이었기 때문이었다. 게다가 원단은 광택이 나는 소재였으니 말해 무엇하랴. 오랜 친구에게 옷을 두고 한참을 충고하였다. 그리고 나중에 그 친구의 집에 가 옷장을 열었을 때 경악을 금치 못했다. 다행히도 대부분 기본적인 컬러들이 주였으나 엄청난 스티치와 원단 전체에 번쩍번쩍한 광택이 흐르는 옷들도 어렵잖게 찾아볼 수 있었기 때문이었다. 분명 친구의 취향일 수도 있지만 그것을 만들어주고 상담했던 테일러의 자질이 의심스러웠다.

잠시 흥분을 가라앉히고 다시 돌아와 이야기해보자. 수트의 색상은 자신의 피부 컬러나 전체적인 분위기, 체형까지도 변화시켜주므로 세심하게 선택할 필요가 있다. 또한 정확하게 몸에 맞춘 수트가 아니더라도 그 자체를 커버할 수 있는 굉장한 힘을 갖고 있다. 수트의 색상을 소홀히 여길 수 없는 이유이다.

지금부터 처음 수트를 구입할 때 가장 좋은 색상과 본인의 성향에 맞는 색상은 무엇인지 알아보자.

네이비 컬러

클래식한 남성 수트에 있어 남색(네이비)은 기본이다.

남색이라고 해서 다 같은 남색은 아니다. 블랙에 가까운 남색, 아주 밝은 남색 등으로 나뉠 수 있는데 처음 수트를 장만했거나 수트가 많은데 기본적인 수트를 장만하고 싶다면 남색을 선택하자.

사람마다 의견의 차이는 있을 수 있지만, 남색 수트의 장점은 이루 말할 수 없이 많다. 가장 큰 장점은 일단 무난하다는 것이다. 어떠한 셔츠, 어떠한 넥타이와 매칭을 시켜도

별 무리 없이 소화한다. 그렇기 때문에 다른 컬러의 수트보다 코디하기가 수월하고 색상 자체가 주는 심플함과 깔끔함이 더해져 보는 이로 하여금 좋은 인상을 심어줄 수 있다.

혹시 최근에 취업박람회에 가본 적이 있는지? 요즘은 취업박람회에 가면 남자들의 스타일링까지도 조언해준다. 거기서 빠지지 않는 사항 중 하나가 바로 이 수트의 색상, 특히 네이비 컬러의 중요성이다. 아무리 말끔한 외모라도 색에 중심이 잡히지 않는다면 집중도가 떨어질수 밖에 없다. 하지만 남색 수트는 집중도를 높이며 분위기 자체가 단단히 잡혀 보이도록 해주는 강점이 있다. 나이 든 분들이 입으면 젊어 보이며 몸매의 결점을 커버하기에도 좋다.

남색에도 미세한 톤 차이가 있고 원단을 고를 때에 조명에 따라서도 여러 가지로 구분이 된다. 푸른빛이 도는 남색도 있을 것이고 노란빛이 도는 남색, 붉은빛이 도는 남색도 있을 것이다. 기호에 맞게 느낌을 조절하려면 구입 시 전문가의 조언을 꼭 들어볼 필요성이 있다.

그레이 컬러

남색만큼 기본적인 수트의 컬러로 이용되어지고 있는 회색(그레이)에 대하여 알아보자.

회색에는 어떤 다른 컬러가 주지 못하는 세련미가 있다. 기본적인 화이트 셔츠와 굉장히 잘 어울릴 뿐만 아니라 그 회색 자체의 밝기로도 다양한 분위기를 연출할 수 있다는 것이 장점이다(남색과 마찬가지로 회색에도 어둡고 밝음이 존재한다). 때문에 어떤 때와 장소에도 별 무리 없이 어울리는, 한두 벌쯤은 갖고 있어야 할 색상이다.

면접이나 상견례 같은 격식 있는 자리에서 입기 좋다는 이유로 남색만을 선호하는 경우도 있는데, 필자의 경험상 그것을 공식처럼 여길 필요는 없다고 본다. 예전 어느 취업박람회에서, 취업 면접 시 마치 반드시 네이비 수트만 입어야 하는 것처럼 목에 핏대를 세우던 스타일리스트 분이 계셨다. 그러나 내 의견은 다르다. 실례로 필자가 미술관에 취업했을 때, 경쟁률이 무려 30:1 이상이었는데 거의 대부분의 친구들이 블랙과 네이비 수트를 입었었다. 하지만 필자는 그레이 컬러의 수트를 입었고, 결과적으로 합격해서 얼마간 큐레이터로 일한 적이 있다. 어찌 됐든 선택은 각자의 높이시민, 날씨와 계절에 맞게 경쾌하고 심플하게 코디한다면 회색 역시 남색 못지않게 멋진 색상임을 강조하고 싶다.

브라운 컬러

브라운 계열은 차분하고 지적인 감성을 느끼게 해준다. 남색이나 회색만큼 대중적이고 임팩트가 있지는 않지만 자연스럽고 멋스러운 느낌을 줄 수 있다. 다른 컬러와

도 별 무리 없이 어울린다. 하지만 자칫 잘못하면 나이 들어 보이거나 광택이나 소재에 따라 아주 저렴해 보일 수 있기 때문에 전문가의 조언을 구할 것을 권하고 싶다.

대부분의 사람들이 남색이나 회색 수트를 많이 입는 것은 그만큼 멋스럽고 다른 아이템과 매치하기 용이한 이유가 가장 크다. 그러나 필자는 많은 남성들이 자신감을 갖고 브라운 계열의 수트에 꼭 도전해보길 바란다. 머지않아 길거리에 멋스러운 갈색 수트를 입은 멋쟁이가 늘어나길 기대하며……

PLUS TIPS **클래식 수트에 블랙은 입지 않는 것이 원칙**

블랙은 디자이너 브랜드 재킷에서 가장 많이 나오는 아이템이지만, 사실 클래식 수트에 있어 블랙은 입지 않는 것이 정석이다. 다만 사회생활을 하다 보면 장례식 등에 참석해야 할 일이 잦아지므로 이때를 대비해 하나 정도 준비하는 것이 좋다.

우리나라 남자들이 수트를 못 입는 이유는 간단하다. 고민하지 않으며, 노력하지도 않기 때문이다. 수트를 살 때에도 마트에 들어가 담배를 사듯 몇 분만에 간편히 고르고서는 수트 케이스를 들고 유유히 나선다.

수트는 남자의 자존심이다. 당장은 마음 편하게 골랐을지 모르지만, 그것은 얼마 입지 못할 옷을 위해 한 달간 열심히 땀 흘려 일해 받은 소중한 급여를 버리는 일이다. 몸에 맞지도 않은 수트를 입고 바시는 니무 길어 구두 위로 몇 겹씩 접혀 있을 모습을 상상하니 자존심을 편의와 너무 쉽게 맞바꿈 하는 것 같아 안타깝다.

수트는 일단 기성복보다 맞춤복이 좋다. 기성복은 아무리 정확한 패턴과 좋은 원단으로 만들었다 해도 내 몸을 기반으로 제작된 것이 아니기 때문에 정확히 몸에 맞기란 어려운 일이다.

홀륭하고 좋은 테일러들이 우리나라에도 많이 있다. 테일러는 나의 신체적인 특징과 장단점을 파악해 나를 결점이 없는 사람으로 만들어 주기 위해 노력한다. 반면 기성복은 아무리 수많은 연구와 공정을 거쳐 나왔다 한들 나의 짧은 팔과 복스럽게 나온 배를 자세히 알고 보완해주지는 못한다.

이제부터는 한 벌의 수트를 얻기 위해 고민하고 노력하자.

귀찮더라도 가봉을 보며 내 몸에 맞는 수트를 얻고 전문가와 많은 이야기를 나누자. 그렇게 제작된 수트는 당신에게 자신감과 새로운 이미지를 선물해줄 것이다.

이런 원단이라면 안 입으니만 못하다

수트에서 원단을 말하기란 정말 까다롭다. 일단 좋은 원단이라 하면 품질이 좋은 원사와 염료를 쓰고 화학처리를 하지 않은 것이 기본이지만, 고객의 입장에서 보면 다양한 원단과 다양한 패턴이 존재하는 것이 좋을 것이다. 어느 쪽이 옳다 그르다고 단정해 말할 수는 없다.

다만, 최근 범람하는 20~30만 원 대의 맞춤 수트의 경우 정말 좋은 원단에 좋은 테일러가 최고의 재단사와 봉제 기술로 만들 수는 없는 가격대라는 것을 밝혀두고 싶다.

턱없이 원단만 100만 원 대를 선택하라는 것은 아니다. 하지만 적어도 몇 번 입었을 때 뒷중심 축이 틀어지고 엉덩이가 반질반질해지고 무릎이 튀어나오는 그런 원단으로 수트를 만들어 입는다면, 맞추지 않는 것만 못할 것이다.

각자의 상황에 맞춰 가격에 맞는 원단이 다양하게 준비되어 있을 것이므로, 광택이 흐르는 것을 삼가고 계절감에 맞는 원단을 잘 고르되 단기간이 아닌 나와 잘 맞는 오랜 시간 입을 수 있는 수트를 만나길 기대해본다.

세련미가
느껴지는
수트 스타일의
원칙

장담컨대 수트만큼 입으면 입을수록, 알면 알수록 어렵고 다양한 스타일링이 존재하는 아이템도 없다. 아무 생각 없이 구입하고 스타일링했다가는 얼마나 형편없고 초라해 보이는지 몰라서 그런 위험한 생각을 하는 것이다.

수트는 스타일, 소재, 봉제가 매우 중요하고 자신의 몸과도 잘 맞고 편안해야 한다. 그만큼 다른 옷에 비해 신경 써야 할 것이 많고 신중하게 알아보고 사야 하는 아이템이다. 내 몸에 딱 맞는 수트를 고르고 입기 위한 원칙을 소개한다.

몸에 딱 맞는 것을 입어라

넉넉한 사이즈의 비싼 브랜드 수트를 구입해 오래 입겠다고 생각한다면 정말 위험한 발상이다. 수트는 교복이 아니다. 꾸준한 운동을 하는 한이 있더라도 수트에 몸을 맞추지 말고 내 몸에 수트를 맞추자. 작은 수트를 입었을 때만큼 답답해 보이고 큰 수트를 입었을 때만큼 모자라 보이는 것이 없으니까. 처음부터 몸에 정확히 맞는 맞춤 수트를 입는 것이 가장 좋다. 기성복 한 벌을 구입하는 것보다 몇 배의 시간과 정성이 들어가지만, 그 대가는 훨씬 더 달콤할 것이 분명하다.

바지 길이를 체크하자

타고난 몸의 밸런스도 중요하지만, 옷을 통해 장점을 극대화하고 단점을 보완하면 장점과 단점은 종이 한 장 차이가 된다. 자신의 키와 체형에 따라 바지 길이를 잘 맞추면 실제 키보다 훨씬 커 보일 수 있으며 다리가 길어 보이기도 하니, 다음의 사항을 명심해두자. 절대 바지의 길이가 다리 길이보다 길어서는 안 된다. 그것만큼 사람이 없어 보일 수 없다. 꼭 테일러와 상의하여 나에게 정확히 맞는 바지를 입길 바란다.

수트 차림에 가방을 메지 말자

최근 백팩을 메거나 크로스로 길게 줄을 늘여 메고 다니는 이들이 많아졌다. 그러나 수트 차림에 가방을 메는 것은 정말 극도로 자제해야 한다. 당연히 어깨 부분에 무리가 가고 주름이 지며 셔츠와 재킷은 뒤틀려져 있을 테니, 이 얼마나 보기 불편할까. 정말 가방을 가져가야 한다면 브리프 케이스를 들도록 하자.

타이를 하자

정확히 말하자면 수트 차림에는 타이를 하는 것이 정석이다. 하지만 요즘에는 수트에 스니커즈를 신는 경우도 있듯, 때와 장소에 따라 예외를 두며 스타일에 대한 시도역시 점점 다양해지고 있기 때문에 꼭 정확한 답이 있다고 생각하지는 않는다. 다만타이를 메지 않는 것보다 타이를 메는 것이 더욱 단단하고 깔끔한 이미지를 풍길 수있다는 점은 확실하다. 타이를 메지 않으면 완성도가 떨어져 보이거나 느슨해 보일수 있기 때문에 티셔츠를 매치해 입을 때를 제외하고는 타이를 기본적으로 메어주는 것이 전체적인 완성도에 훨씬 더 플러스 요인이 될 것이다.

구두의 상태를 늘 점검하자

아무리 깔끔한 수트를 입었어도 구두에 먼지가 쌓여 있거나 구두의 상태가 좋지 않다면 전체적으로 모든 스타일링이 실패로 돌아간다. 구두는 수트를 입을 때 가장 눈에 띄는 소품이다. 언제나 청결한 지 체크 또 체크하자.

수트를 입었다면 그에 걸맞은 행동을 하자

수트는 남자의 자존심이자 오래된 전통이다. 사람은 때와 장소에 걸맞은 행동을 하도록 교육받아왔다. 어떤 수트를 얼마나 잘 입느냐도 물론 중요하겠지만, 그에 어울리는 행동이 따라주지 않으면 제 아무리 차려입은들 품격 있는 남자라 하기 어려울

것이다. 수트를 입었을 때만큼은 그에 걸맞은 품위 있는 행동으로 상대방을 배려하고 남성성과 내 스스로의 존엄성을 인식하며 행동하자. 그것이 어떤 수트를 입느냐를 떠나 스타일을 가장 돋보이게 만드는 포인트가 아닌가 싶다.

제대로 된 관리로 수트의 수명을 연장하자

출퇴근 시 지하철을 이용하기 때문에 많은 직장인들을 오고 가며 보곤 한다. 아주 깔끔한 신사들도 눈에 띄지만, 수트가 좋고 나쁨을 떠나 기본적으로 청결하지 못해 얼룩이 져있거나 심한 악취가 나는 경우도 자주 보게 된다.

대한민국 직장인으로써 얼마나 힘들까, 이해가 안 가는 것도 아니다. 같은 처지의 나 역시 갑자기 중요한 자리에 가야 해서 수트 케이스를 열어 꺼내어 보면 뭘 먹다 흘린 건지 넘어진 건지 말도 못할 정도로 더러워 낭패를 보는 경우도 허다하다. 관리의 중요성을 그렇게 잘 알면서도 너무 피곤해 방 구석에 얌전히 벗어놓고 잠들어 아침에 걸어두기 일쑤다.

그러나 수트는 옷장에 야상 걸어놓듯이 아무렇게나 걸어두면 주름이 가고 라펠이 꺾여 말도 할 수 없을 정도로 우스워진다. 그러니 아무리 피곤하고 신경 쓸 여유가 없더라도 제자리에 단정히 보관해둬야 한다. 옷장에 걸 때는 자리를 어느 정도 확보하고 살짝 여유 있게 걸어주는 것이 좋다.

수트는 계절별로 따로 보관하는 습관을 들이자. 겨울이 지나 봄 여름이 올 때에는 드라이클리닝을 해 주머니에 좀약을 넣어두어 습기와 악취에 대비하는 것도 좋다.

평소에 이물질이 묻지 않았을 경우에는 스팀 다리미로 주름을 펴주고 옷걸이에 걸어두어 보관하는 것이 가장 바람직하다. 단, 스팀 다리미는 열기가 강하기 때문에 원단과 좀 떨어져서 다려야 한다. 밀착해 다리다 보면 원단이 상하고 광택이 상하거나 습기 때문에 변형이 일어날 가능성이 있으므로 주의하자. 아차, 옷걸이에 걸어 보관할 때는 단추를 잠겼는지 확인하는 것도 잊지 말길.

수트를 입었을 때 얼굴과 함께 가장 먼저 눈에 들어오는 아이템이 바로 타이이다. 타이를 착용하면 얼굴 이외 다른 쪽으로 집중될 수 있는 시선을 타이로 잡아두는 효과가 있다. 그렇기 때문에 타이를 하지 않을 경우 얼굴과 목 가슴으로 시선이 분산되어 산만해 보일 수 있다.

타이에도 다양한 컬러와 원단이 있고 요즘에는 타이의 폭도 저마다 다 다르다. 타이를 살 때 고려해야 할 점에 대하여 알아보도록 하자.

타이의 컬러와 패턴

타이를 선택할 때 가장 좋은 것은 단색에 어떤 무늬도 없는 것이다. 어두운 네이비 계열부터 블랙에 가까운 브라운 컬러가 이상적이다. 그리고 레드 계열, 블루 계열을 선택해 포인트를 주는 것이 가장 적합하다. 타이는 가지고 있는 수트와 동일한 컬러감으로 매치하는 것이 실패 확률이 가장 낮다.

어두운 톤의 타이는 가장 많이 입는 화이트 셔츠나 블루 셔츠 모두와 잘 어울린다. 어두운 톤의 무늬가 없는 타이는 차분해 보이고 수트에 무게감을 실어주어 보는 이로 하여금 얼굴에 시선이 집중되게 하는 장점이 있다.

패턴이 들어간 것 중에는 스트라이프를 권유하고 싶다. 경쾌하고 발랄한 느낌을 줄 수 있기 때문이다. 하지만 주의할 점은 셔츠까지 스트라이프를 입지는 말자는 것이다. 생각 이상으로 많이 정신없어 보일 것이다.

그리고 심하게 튀는 컬러나 큐빅이 박혀있는 타이는 절대로 하지 말자. 이것만 지켜도 절반은 성공이라 생각한다.

PLUS TIPS **수트를 입을 때 타이를 꼭 해야 할까?**

수트에 있어 타이는 전체적인 흐름이나 원 포인트를 강렬하게 줄 수 있는 감초 같은 아이템이다. 요즘에는 노타이 차림으로 수트를 입은 사람들도 종종 눈에 띄지만, 원래 수트에는 꼭 타이를 해주는 것이 원칙이고 보기에도 훨씬 단정해 보인다. 남성 수트 룩에서 타이를 생략한다는 것은 생각할 수도 없을뿐더러, 타이를 하지 않은 허전함으로 인해 전체적인 수트 스타일링의 완성도를 떨어뜨리는 것이 아쉬울 따름이다.

다른 아이템과 마찬가지로 타이 역시 시대 흐름의 영향을 받고 있다. 특히 많은 변화를 보이는 것은 타이의 폭(너비)이다. 타이의 폭은 1970년대 줄어들었던 역사가 있는데 이는 영향력 있는 브랜드와 디자이너들에 의해 큰 반향을 일으켰고, 근래에도 점차 좁아지는 경향을 보이고 있다. 하지만 폭이 좁은 타이는 일반적인 타이에 비해 활용도가 적고, 마른 사람에게는 효과적인 아이템인 반면 통통하거나 어깨가 좁은 사람들에게는 독약 같은 아이템이다.

　타이의 폭은 재킷의 옷깃 넓이와 자신의 어깨너비를 충분히 고려해서 선택해야 한다. 가장 일반적인 타이의 폭은 그냥 만들어진 것이 아니다. 그것은 오랜 세월 수트와 가장 잘 어울리는 비율을 고민한 결과 만들어진 절대 비율의 폭이다. 따라서, 아주 몸매가 스키니하거나 기본적인 디자인의 변형된 수트라면 좁은 폭의 타이도 멋진 아이템이 될 수 있겠지만 클래식하고 정갈한 수트를 보유하고 있다면 일반적으로 인식하고 있는 폭의 타이를 가장 권유하고 싶다.

기본적으로
알아둬야 할
타이
매듭법

우리가 알고 있는 이상으로 다양한 매듭법이 존재하지만, 일상생활에서는 일반적으로 알고 있는 몇 가지 방법만으로도 충분하다. 가장 흔하게 쓰이는 방법는 포인핸드 매듭Four-in-Hand, 일반 교복 매듭, 하프 윈저 매듭Half Windsor 그리고 풀 윈저 매듭FullWindsor 등이 있다.

타이는 수트에 양념 같은 존재이다. 이 매력적인 아이템으로 인해 이미지가 한 순간에 바뀔 수 있다는 사실을 항상 염두하자. 관심을 갖고 즐기다 보면 어느 순간 당신도 타이의 매력에 빠지고 말 것이다.

포인 핸드 매듭법

심플 매듭법 또는 스쿨보이 매듭법 등으로도 불리는데 가장 간단하고 심플한 매듭으로 손쉽게 마무리 지을 수 있어 인기가 높다. 이 매듭법은 한쪽 매듭라인이 비대칭을 이루면서 마무리되며 매듭이 작고 좁은 것이 특징이다. 따라 스키니 타이나 폭이 좁은 디자인의 타이에 적절한 매듭법이다.

하프 윈저 타이 매듭법

타이를 역삼각형의 정돈된 형태로 매는 방법이다. 포인 핸드 매듭법보다는 매듭 크기가 크고 풀 윈저 매듭법보다는 작은 크기의 매듭법이다. 셔츠의 깃이 다소 좁거나 무게감이 없는 셔츠에 적절한 타이 매듭법이며 가장 평범하고 깔끔하게 연출된다.

풀 윈저 타이 매듭법

종종 더블 윈저 매듭법으로 불리며 느낌상으로 하프 윈저 타이 매듭법과 차별된다.

언급된 타이 매듭법 중 가장 굵고 큰 매듭법으로써 서츠의 칼라가 넓게 퍼져 있거나

격식을 차려야 하는 복장에 적절하다.

포켓스퀘어는 수트에 있어 마지막 장식이며 영국에서는 손수건으로 사용했다 하여 행커치프로도 불린다. 다 같은 것을 지칭하며 용어 차이일 뿐이다.

소재는 리넨이 기본이며 코튼과 실크 등 다양하게 쓰인다. 아주 일반적인 아이템이지만 국내 남성들은 포켓스퀘어를 하는 것을 꺼려한다. 남성으로서 자랑스럽게 멋을 부릴 수 있는 몇 안 되는 아이템인데도 불구하고 낯부끄러워 하는 이유가 무엇일까? 필자가 연예인 스타일링을 맡아 수트를 입히고 체크하는 과정에서 포켓스퀘어를 접어 꽂아 주었을 때의 일이다. 무척이나 하기 싫어해서 이유를 물어보니 부끄럽다는 것이었다. 그 이야기를 듣고 한참동안 무슨 이야기인가 생각했는데, 말인즉슨 과하게 멋 부린 것 같다는 뜻이었다.

그러나 수트에 있어 포켓스퀘어를 하고 안 하고는 엄청난 차이가 있다. 네이비 수트에 화이트 셔츠를 입고 화이트 컬러의 리넨 포켓스퀘어를 꽂아보자. 당신은 별 다른 것을 못 느낄지 몰라도 보는 이들은 굉장히 멋지다 생각할 것이 분명하다.

포켓스퀘어는 일반적으로 화이트가 가장 코디하기 쉽다. 그리고 셔츠의 컬러, 타이의 컬러와 동일한 계열의 포켓스퀘어를 한다면 통일성이 있어 절대 눈에 거슬리지 않는다.

인상과 이미지를 가장 쉽게 플러스 시킬 수 있는 아이템인 포켓스퀘어. 이런 아이템인 줄 알고서도 하지 않는다면 절대 발전할 수 없을 것이다. 용기를 내자. 뭐든지 시도하지 않는다면 결과도 얻을 수 없다.

포켓스퀘어를 꽂는 다양한 방법

쿠퍼

아스테어

퍼프

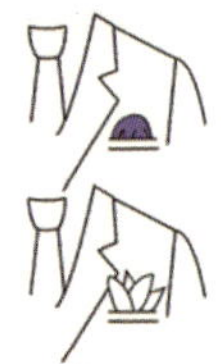

원포인트

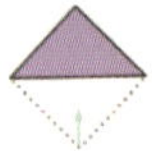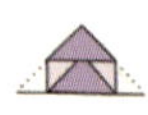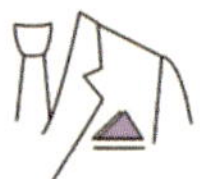

투포인트

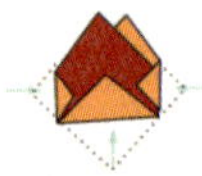

SHOES

수트에 신을 구두는 수트와 색상을 맞추는 것이 중요하다. 즉, 수트와 구두는 하나라고 생각해도 무방하다. 기본적인 네이비, 그레이 컬러와 모두 잘 어울리는 것은 브라운 톤의 구두이다. 브라운 구두는 멋스럽고 기본적으로 어느 컬러의 수트와도 고급스럽게 잘 어울린다. 하지만 검은색 수트를 입는 조사에 참석하는 경우에는 같은 컬러인 블랙 구두를 신어 주는 것이 예의이다.

대부분의 남성들은 구두에는 별다른 디자인이 없다고 생각하는데, 사실 남성용 구두에도 아주 다양한 종류의 디자인이 있고 때와 장소에 맞는 각각의 용도가 있다.

옥스퍼드

옥스퍼드Oxford는 17세기 영국의 옥스퍼드 대학 학생들이 많이 신었다고 해서 붙여진 이름이다. 긴 발목의 워커를 단화로 줄여 신었다는 이야기도 있으며, 그것이 옥스퍼드 스타일 구두의 기원이라고 전해진다. 옥스퍼드의 가장 큰 특징은 신발끈이며, 전 세계의 남성들이 수트를 입을 때 가장 많이 신는 구두이기도 하다. 이 옥스퍼드 스타일에도 다양한 종류가 있는데 더 자세히 알아보자.

스트레이트 팁 Straight tip

직장인 학생 따질 것 없이 수트를 입었을 때 가장 대중적으로 신는 스타일이다. 어떠한 수트에도 잘 어울린다는 것이 장점이며 디자인적으로도 군더더기 없기 때문에 깔끔하고 단정해 보인다.

플레인 토 Plain toe

스트레이트 팁과 마찬가지로 가장 기본적인 스타일의 구두이다. 장식이 없고 발등에 끈만 있는 구두로서, 보통 우리가 일고 있는 정장구두의 대표격이다. 단정한 면접용 구두로 가장 알맞은 디자인이다.

윙 팁 Wing tip

옥스퍼드 스타일 중에서 가장 클래식한 디자인을 보여주는 구두다. 구두 옆면 장식

들이 날개 같다고 해서 붙여진 이름이며 앞쪽에 작은 구멍들이 나있다. 다른 옥스퍼
드 스타일에 비해 화려하며 디테일들이 있기 때문에 좀 더 멋스럽고 클래식한 느
낌을 전달하는 데 효과적이다.

슬립온

슬립온Slip On이란 끈이 없는 캐주얼 구두를 말한다. 흔히 로퍼로 흔히 알고 있는 신발
이다. 끈이 없기 때문에 신고 벗는 것이 편하고 용이하다.

로퍼 Loafer

끈이 없고 앞쪽에 가죽이 덧대어진 디자인의 구두를 흔히 로퍼라 말한다. 로퍼는 굉
장히 착용감이 좋고 수트 외에 데님팬츠나 치노팬츠에도 굉장히 잘 어울린다. 소재
에 따라 다른 느낌을 줄 수 있으며 대중적으로도 많이 소비되고 있다. 하지만 정통
수트 차림에는 피하는 것이 좋으며, 캐주얼한 수트나 노타이 차림에 어울린다.

태슬 슬립온 Tassel slip on

태슬 슬립온의 유래는 프랑스 황실에서 신었던 신발이라고 한
다. 로퍼와 비슷한 모양을 띄고 있지만 발등에 술이 달려있
는 것이 큰 특징이다. 디자인 자체만으로도 클래식한 느낌
을 주고 롤업 팬츠나 턴업되어 있는 팬츠에 신기 안성맞

춤이다.

몽크 스트랩 Monk strap

발등에 버클로 포인트 장식이 된 구두를 말한다. 정통 수트든 캐주얼한 차림이든 모
두 다 잘 어울린다. 필자가 개인적으로 가장 사랑하는 스타일의 구두로서, 선이 날
렵하면서도 금속의 부자재와 맞물려 심플하고 세련된 멋을 느끼게 해준다.

제대로
사고
잘 보관하는
노하우

남성들의 경우 구두를 다양하게 많이 가지고 있는 사람은 흔치 않다. 가격이 만만치 않기도 하거니와, 좀처럼 편안한 구두를 찾기 어렵다 보니 한 번 익숙해진 구두를 헤질 때까지 신기도 한다.

내 발에 맞는 편안한 구두를 고르고, 기왕 산 구두를 오래 동안 잘 보관하는 방법을 살펴보자. 좋은 제품을 사서 제대로 보관한다면 세월이 흐름에 따라 멋이 더해지는 구두의 매력을 느낄 수 있을 것이다.

합성소재 대신 가죽 소재를 선택하라

합성소재는 딱딱하거나, 신었을 때 착용감이 떨어져 불편하고 오래 신으면 디자인 자

체의 변형이 쉽게 온다. 가죽에도 많은 종류가 있으며 저마다 차이가 있다. 광이 심하게 나지 않고 만져보았을 때 너무 딱딱하지 않으며 부드러운 소재를 선택하자.

가장 기본이 되는 색상은 브라운

대부분 남성들은 네이비 컬러나 그레이 컬러의 수트를 입는다. 이 경우 블랙 컬러의 수트를 제외하고는 브라운 컬러의 구두가 최고의 선택이며 멋스럽고 분위기 있다.

발볼이 넓거나 발이 쉽게 붓는다면 옥스퍼드 스타일

발이 쉽게 붓고 발볼이 넓은 사람이라면 끈이 있는 옥스퍼드 스타일을 선택하자. 끈이 없는 로퍼에 비해 끈이 있는 옥스퍼드 스타일은 발볼을 끈으로 조절할 수 있으며, 시간에 따라 발이 붓는 사람이라면 가죽의 소재의 특성과 맞물려 편안함을 더해줄 수 있다.

신고 난 후에는 슈트리에 보관한다

하루 종일 걷는 일이 많은 직장인과 학생들의 발은 구두 속에서 땀 그리고 습기와 전쟁을 치른다. 신발을 벗기라도 하면 냄새가 나기 일쑤다. 게다가 대부분의 남자들은 신발을 한두 켤레밖에 가지고 있지 않기 때문에, 자주 신어 구두의 앞코가 들리고 볼이 넓어져 디자인이 보기 흉하게 변형되기 쉽다. 이런 모든 악취와 변형을 막아주는 것이 바로 슈트리이다. 슈트리에 넣어 보관하면 습기를 방지하고 악취가 제거되며 디자인의 변형을 막을 수 있다. 좋은 구두를 자주 신으려면 관리 또한 중요하다는 점을 명심하자.

청결함을 유지하자

퇴근 후 집에 들어서자마자 구두는 내던져져 상처가 나고 하루 종일 쌓인 먼지와 함께 잠들어 다음날 그 상태로 새로운 하루를 시작한다. 아주 깔끔하게 매일 닦자는 말은 못 하겠지만 그날의 먼지를 솔로 털어주고 솔로 어느 정도 손질을 해주는 것은 수명 연장의 첫걸음이다.

활동성이 많은 남자에게 발은 생명과도 같다. 스니커즈는 바쁜 사회생활로 많이 걸을 수밖에 없어 언제나 피로가 집중되는 남자의 발에 더없이 유용한 아이템이다.

스니커즈를 고를 때 가장 중요하게 신경 쓸 점은 계절감이다. 시원한 봄가을에는 가볍게 신을 수 있어야 하며, 추운 겨울에는 따뜻하게 발을 보호해줄 수 있어야 하고, 더운 여름엔 땀과 습기로부터 발을 지켜주는 등 기능성이 부합되어야 하기 때문이다.

봄과 가을, 시원한 바람이 불면 가벼운 스니커스를 하니 장만하고 싶어 진다. 상쾌한 바람만큼이나 가벼워진 옷차림에 어울리는 심플하고 베이직한 컬러의 스니커즈는 전체적인 코디에 활력을 불어넣어줄 것이다.

어디든 매치하기 좋은 스니커즈

기본적으로 남성들에게 추천하고 싶은 스니커즈는
면 캔버스 재질의 스니커즈이다. 사계절 내내 어떤 룩
에도 모두 잘 어울리며 아주 가볍고 심플한 느낌을
준다.

캔버스 재질의 스니커즈는 컬러가 중요하다. 그중
에서도 화이트, 아이보리, 블랙은 가장 기본적인 색상
으로 어떤 차림에도 모두 잘 어울린다. 캔버스 재질
스니커즈는 눈에 거슬리거나 너무 튀지 않기 때문에
예나 지금이나 오래도록 사랑받는 아이템이다. 전 세
계적으로 멋진 남성들의 룩에는 빠지지 않고 등장하
고 있는 것도 바로 이런 이유에서다.

가볍고 세탁하기 쉬운 재질에 무난하지만 가장 세
련된 디자인을 갖고 있고 가격 또한 저렴하다. 스니커즈는 가히 머스트 해브 아이템
이라 해도 과언이 아닐 것이다.

자유롭고 개성 있는 스니커즈 코디법

캔버스 스니커즈 외에도, 다소 특별한 느낌을 연출하고 싶다면 가죽 소재의 모델을
선택하는 것도 좋다. 가죽 스니커즈는 데님팬츠와 매치하면 소재의 독특함 때문에 더

욱 매력적으로 어울린다.

전체적으로 심심한 컬러의 스타일링에는 포인트로 컬러풀한 스니커즈를 매치하는 것도 좋은 방법이다. 전체적인 스타일의 완성도에 흠이 가지 않는다면 마무리의 완급을 하는 데 있어서 더없이 훌륭한 아이템이다.

남성들이여, 슈어홀릭이 되자

구두는 여자들에게만 중요한 아이템이 아니다. 남성들에게
도 신체적 단점을 보완해주고 멋을 완성해주는 가치 있는
아이템이다. 그러나 많은 남성들이 신발의 가치에 대해서는
간과하고 있는 듯하다. 물론 여성들도 크게 다르지 않지만,
일단 발이 편안해야 전체적인 신체 컨디션도 좋다.

또한 이미지 면에서도 구두는 한몫을 한다. 아무리 수트를 잘
차려입어도 낡고 흠집이 난데다 먼지까지 쌓인 구두를 보고
있자면 바쁘고 치열해 보여 안쓰럽다기보다는, 게으르고 자
기 관리를 못하는 사람처럼 보이기 때문이다.

그런데도 많은 남성들이 수트와 셔츠는 꾸준히 구입하면서
도 구두는 한 켤레가 떨어질 때가 돼서야 다른 구두를 구입할
생각을 한다.

구두는 기본적으로 많으면 많을수록 좋은 것이 사실이다. 컬
러에 맞춰 다른 디자인으로 본인의 취향에 맞게 서서히 수를
늘려가는 것이 가장 좋다. 한 켤레를 오래 신으면 좋은 구두라
도 고유의 광택을 잃어버리고 청결함 또한 떨어지며 수명이
빠르게 줄어들기 때문에 기본적으로 3켤레 이상 준비해놓도
록 하자. 그래야 번갈아 가며 신어 구두의 수명을 연장시킬 수
있다. 또한 그 구두 수만큼 슈트리를 준비하여 좋은 구두를
오래 신는 습관을 들이는 것이 바람직하다.

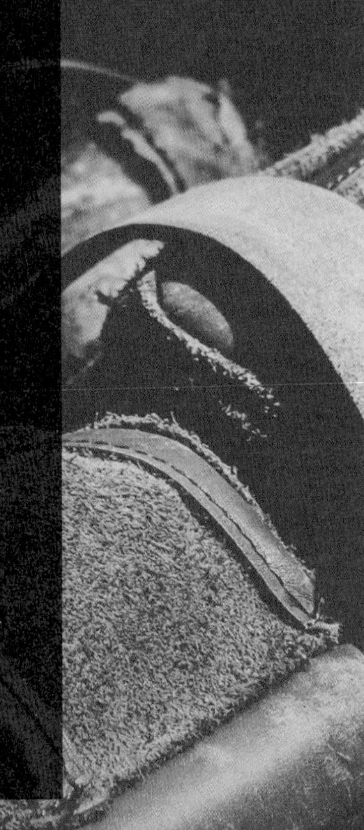

GLASSES

남자의
인상과 스타일을
좌우하는
안경

과거 안경 전문 브랜드에서만 출시되던 안경과 선글라스가 요즘은 패션 브랜드를 통해서도 많이 선보이고 있다. 안경이 단순한 시력보정용품이 아닌, 당당한 패션 아이템으로 자리 잡은 지 오래이다.

안경은 하루 종일 얼굴과 함께하며, 인상까지 좌우한다. 안경 하나만으로도 그 사람의 취향이나 성격을 유추할 수 있으며, 호감도가 결정되기도 한다. 그런가 하며 안경은 패션과 떼려야 뗄 수 없는 관계이다. 그 디자인과 소재에 따라 스타일의 완성도까지 좌우하므로 신중하게 고를 필요가 있다.

이 글을 쓰는 지금, 필자 또한 안경을 쓰고 있다. 3년 전부터 시력이 급격히 나빠지며 안경을 쓰게 되었는데 막상 고르려 하니 쉽지가 않았다. 시력이 좋지 않은 분이라면 같은 고민을 해본 경험이 있을 것이다. 요즘 유행한다는 안경을 써보며 '과연 나한

테 어울릴까? 그냥 쓰던 대로 쓸까' 생각해본 적도 있을 테다.

이번 장에서는 이런 고민을 해소할 만한 팁을 드리고자 한다. 남자의 패션 아이템으로서 '안경'에 관해 알아보자.

안경의 트렌드

과학기술과 소재의 발전으로 피부와 닿는 부분의 금속 소재가 굉장히 다양해졌다. 또한 하루 종일 착용해야 하는 안경의 특성 때문에, 소재의 무게도 예전에 비해 많이 가벼워졌다. 실제로 인체에 해가 없고 가벼운 소재의 안경들이 많은 사랑을 받고 있다.

이처럼 과학기술의 발전속도만큼 소재가 빠르게 진화했음에도 불구하고, 안경의 디자인은 예전부터 사랑받아오던 기본적인 디자인에서 크게 바뀌지 않았다. 기본 디자인이 이미 완성형의 디자인인 데다, 클래식한 멋을 풍기므로 어떤 옷이든 매치하기 좋고, 매일 쓰더라도 쉽게 질리지 않기 때문이기도 하다.

안경을 여러 개 두고, 상황과 스타일에 맞춰 골라 착용하는 사람이라면 소재와 컬러로 변화를 주는 것이 가장 바람직하다. 너무 유행에 치우치는 디자인은 구매하기 전에 자신의 옷장 속 아이템들과 얼마니 어울리는지를 생각해볼 필요가 있다.

**패션에
따라
안경도
달라져야 한다**

안경의 디자인은 실로 다양하다. 클래식한 것부터 미니멀하고 현대적인 느낌의 것, 미래지향적인 느낌의 것 등등. 브랜드가 다양해지며 선택의 폭 또한 매우 넓어졌다. 이처럼 다양한 스펙트럼의 안경을 어떻게 분류하여 소개하는 것이 좋을지 고민한 끝에, 여기서는 소재에 따라 디자인을 구분하고자 한다.

소재와 디자인에 따라 그 제품에 어울리는 스타일이 다르다. 지금부터 평소 즐겨 입는 패션 스타일에 맞춰, 나에게 어울리는 안경을 찾아보자.

가장 대중적으로 선호되는 것은 플라스틱 안경, 금속 안경, 플라스틱과 금속이 콤비네이션 된 안경이다. (이외에도 다양한 소재와 수많은 디자인이 존재하나, 이 책에서는 가장 보편적이면서도 클래식한 디자인의 종류를 소개하겠다.)

플라스틱 안경

흔히 '뿔테 안경'이라고 일컬어진다. '뿔테'라는 말에서 알 수 있듯 실제 동물의 뼈로 만드는 경우도 있으나, 대개는 아세테이트, T.R, 울템 등의 소재로 만들어진다. 이처럼 플라스틱 범주 안에 드는 소재를 이용한 안경을 대개 뿔테 안경이라 부른다. 소재에 따라 무게 차이가 크게 나므로, 반드시 착용해본 후 구매해야 한다. 안경테의 두께에 따라 다양한 이미지를 연출할 수 있으며, 피팅 감이 우수하고 내구성이 좋아 현대 들어 많은 이들에게 사랑받고 있다.

같은 디자인이라도 안경테의 두께에 따라 다양한 느낌을 줄 수 있다. 두껍고 볼드한 느낌의 안경테는 인상을 강하게 만들어 주는 효과가 있어 이목구비가 뚜렷하지 않은 사람에게 권할 만하다. 또한 얼굴의 크기가 작아 보이는 시선 분산의 효과가 있다. 하지만 무게가 많이 나가는 데다, 얼굴이 작은 경우 안경의 느낌이 얼굴 전체의 이미지를 압도할 수 있으므로 얼굴 크기에 맞춰 고르는 것이 좋겠다.

한편, 얇은 두께의 안경테는 얼굴 및 전체적인 스타일링에 어떤 이미지를 더 하지 않으므로 깔끔한 느낌을 줄 수 있

다. 종일 착용해야 하는 안경의 특성상 무게가 가벼워야 활동이 편안한데, 이러한 장점으로 인해 많은 사랑을 받고 있다.

금속 안경

금속(메탈) 소재 안경은 예전부터 아주 많은 사랑을 받아왔다. 소재 특성상 무게가 가벼우며, 얼굴형에 따른 피팅이 편리하여 선호되는 종류이다. 최근에는 금속 안경의 소재로 티타늄, 모넬, 스테인리스 등이 가장 많이 활용되는데, 소재에 따라 무게 차이가 크며 내구성 또한 천차만별이므로 꼼꼼히 확인할 필요가 있다. 안경테가 잘 휘어지거나 코팅이 쉽게 벗겨지는 소재는 아닌지 안경사와 상담하고 구매하는 편이 가장 좋다.

콤비네이션 안경

플라스틱 소재와 금속 소재의 혼합으로 이루어진 안경테를 말한다. 대표적인 것으로는 우리가 흔히 아는 '하금테'가 있다. 최근 들어 패션 업계에서 만들어지는 안경의 대다수가 콤비네이션 종류인데, 예를 들어 전면부의 프레임은 금속 소재로 하고 다리 부분은 플라스틱으로 처리하거나, 또는 안경 전면부는 금속으로 겉처리하고 안쪽은 플라스틱으로 얇게 감싸는 식 등이다. 이외에도 실로 다양한 콤비네이션 안경이 선보이고 있다.

콤비네이션 안경은 옷의 스타일에 맞춰 쓰기 좋고, 두 가지 소재가 공존하므로 개성 있는 이미지 연출이 가능한 것이 특징이다. 이런 이유로 최근 들어 많은 사랑을 받고 있다.

• 봄가을에 깔끔하게 입기 좋은 블랙 터틀넥 니트에 하금테 안경을 매치했다. 상단의 블랙 아세테이트, 하단부의 진한 그레이 컬러 메탈로 이루어진 하금테이다. 하단부의 각이 사각형으로 더욱 깔끔하고 정갈한 느낌을 준다. 수트를 즐겨 입는다면 하금테 안경으로 수트 스타일링의 완성도를 높일 수 있다.

나에게 어울리는 안경을 고르기란 결코 쉽지 않다. 자신의 외모 특징을 고려해야 하는 것은 물론이려니와, 비슷비슷해 보이는 안경 프레임 가운데서 '바로 이거다!'라고 확신을 가지고 고르기란 매우 어려운 일이다.

안경을 고를 때는 무조건 트렌드를 따르기보다는, 자신의 얼굴 모양에 가장 잘 맞는 프레임을 선택한 후에 디테일한 부분, 즉 소재나 각도 등을 비교하며 고르는 편이 좋다. 이를 위해서는 무엇보다도 자신의 얼굴형을 파악하는 것이 우선이다.

지금부터 각각의 얼굴형에 어울리는 안경 종류를 알아보자.

둥근형 얼굴

얼굴 길이가 너비의 비율과 거의 비슷하고, 넓은 이마와 함께 둥그런 턱선을 가졌다.

아시아인들의 일반적인 얼굴형으로, 동안의 이미지와 함께 귀여운 느낌을 준다. 이런 둥근 형의 얼굴은 양 볼이 통통해 보이지 않도록 안경 전면 프레임의 볼륨이 과하지 않은 스타일을 선택하는 것이 좋다.

얼굴이 갸름해 보이려면 샤프한 라인이 돋보이는 직사각형의 안경테를 선택하자. 참고로, 둥근 얼굴형인 여자친구에게 안경을 추천한다면 요즘 유행하는 캣츠아이형(전면 프레임의 양쪽 끝이 올라가 있는 형태)의 디자인을 선택해 이미지를 강조하는 것도 좋겠다.

가장 추천하고 싶은 것은 살짝 각이 져 있는 느낌의 안경테이다. 너무 부드러운 느낌보다는 각이 져 있는 형태가 얼굴형을 보완해줄 수 있다. 또한 하금테 안경처럼 콤비네이션 소재의 투톤 컬러 안경을 이용해 시선을 분산하는 것이 좋다.

원형 프레임의 동그란 안경은 가급적 피하도록 하자.

PLUS TIPS | 둥근 얼굴에 광대가 두드러진다면

얼굴이 동그라면서도 광대가 부각되는 타입이라면, 오버사이즈의 가로로 긴 형태의 프레임을 선택해보자. 광대 아래로 프레임이 내려오면서 광대를 커버하여 광대의 볼륨감을 보완할 수 있다. 단, 너무 화려한 패턴이나 과한 컬러는 오히려 광대를 부각하므로 피해야 한다.

각진형 얼굴

얼굴이 넓고, 광대와 하관 부분이 발달되어 있으며 라인이 뚜렷한 사각형의 얼굴이다. 상대에게 강한 느낌을 주는 얼굴형으로, 인상을 중화하려면 아치형이나 완만한 곡선

어떻게
보관하고
관리해야
할까

안경을 쓰다 보면 나사가 헐거워지게 되며, 땀이 많이 나는 여름철이면 소재에 따라 색상이 변하기도 한다. 제대로 된 관리방법을 몰라 처음 구입했을 때의 착용감을 잃거나, 심지어 렌즈에 상처가 많이 나 안경 본연의 기능이 훼손되기도 한다. 앞이 뿌옇게 보일 텐데도 무심코 하루하루 지나쳐 보내는 사람들도 상당히 많다.

얼마 전 친구들과의 모임에 나갔을 때의 일이다. 한 친구가 필자의 안경을 보고 '3년간 쓴 안경이 어쩌면 이렇게 깔끔하냐'며 그 노하우를 물어왔다. 이 친구처럼 안경을 오래 착용했으나 안경의 관리 방법에 관해서는 무심하거나 잘 알지 못하는 사람이 허다하다.

옷도 마찬가지지만, 안경 또한 구입만큼 중요한 것이 바로 관리이다. 안경 관리는 전혀 어렵지 않으며, 평소 주의하며 다음과 같은 생활습관을 가지면 처음과 같은 착용감과 쾌적함을 유지할 수 있다.

안경을 쓰거나 벗을 때는 항상 두 손을 이용하자

씻거나 운동을 하거나 휴식을 취할 때면 안경을 벗게 되는데 그럴 때 한 손으로 안경을 벗는 경우가 대부분이다. 그러한 무의식적 행동이 안경 형태를 일그러뜨리는 가장 큰 원인이다! 나사 조임이 느슨해지거나 안경다리(템플)의 높낮이가 달라지는 것을 방지하려면 꼭 양쪽 손을 이용해 쓰고 벗는 습관을 들이자.

안경 렌즈는 부드러운 헝겊을 이용해 닦자

안경에 이물질이 묻어있으면 고유의 광택이 흐려지는 것은 물론이고, 사람에 대한 이미지마저 나빠질 수 있다. 깔끔하지 않은 느낌을 좋아하는 사람은 없을 것이다.

이물질이나 손의 땀 때문에 렌즈에 자국이 남았다면, 즉각 부드러운 거즈나 마른 헝겊으로 닦아주도록 하자. 렌즈 본연의 광택이 되살아나며 깔끔한 느낌을 되찾을 수 있다.

안경테에 묻은 땀은 바로 닦는 것이 좋다

염기성 수분인 땀은 안경테를 부식시키는 가장 큰 원인이다. 땀이 묻었다면 합성세제를 섞은 미지근한 물로 세척한 후 부드러운 거즈나 헝겊으로 닦아내는 것이 가장 좋으며, 미처 이러한 준비가 되어 있지 않다면 마른 헝겊으로 물기를 닦아낸 후 착용하는 것이 안경테를 오래 사용할 수 있는 방법이다.

반드시 케이스에 보관하자

생활을 하다 보면 책상이나 서랍, 차 안이나 공원 벤치 등에 아무렇게나 안경을 올려두는 모습을 볼 수 있다. 이처럼 케이스 없이 안경을 보관하면 안경테는 물론, 렌즈에도 흠집이 생기게 된다. 안경 렌즈의 흠집은 빛을 반사시켜 시력을 악화시키며, 사물이 왜곡되어 보일 수 있으므로 각별히 주의해야 한다. 일반렌즈뿐 아니라 멀티 코팅 렌즈, UV렌즈 등의 특수렌즈 또한 보관에 유의해야만 본래 기능을 오래 간직하며 사용할 수 있다. 안경은 수리나 렌즈 교체에 상당한 비용이 들어가는 아이템이다. 벗은 즉시 케이스에 넣는 간단한 생활습관이 안경의 수명을 크게 늘릴 수 있다는 걸 기억하자.

항상 상온에 보관하자

얼마 전 사우나에 갔다가, 탕 안에 있는 모든 남성들이 안경을 쓰고 있는 걸 발견했다. 안경은 그 소재에 따라 뜨거운 온도에서 변형이 일어날 수도 있는 물건이다. 직사광선이 내리쬐는 차 안에 안경이나 선글라스를 보관하는 경우도 마찬가지다. 특히 멀티코팅렌즈나 플라스틱 안경테는 사이즈 변형이나 변색이 일어날 수 있으므로, 항상 상온에 보관하도록 하자.

PLUS TIPS 안경렌즈를 사용할 때 주의할 점

1 렌즈를 세척할 때는 중성세제와 알칼리성 세제는 삼간다. 극세포 섬유를 사용하면 맑고 깨끗하게 닦인다(렌즈 구입 시 안경사와 상담하기를 추천한다).
2 사우나 또는 자동차 내부의 직사광선에 오랜 시간 방치하지 말자.
3 렌즈 표면이 지면에 닿지 않도록 보관해야 한다.

안경은 항상 착용하고 있는 것이 좋다. 자주 썼다 벗었다 하면 눈의 피로감이 더해지기 때문이다. 안경을 구입할 때 소재와 특성을 안경사에게 물어보고, 특성에 맞는 관리법을 익혀두는 것도 바람직하다.

안경에서 중요한 것은 가격이 아니다. 저렴한 것이든, 비싼 것이든 우선 내게 어울려야 하며, 또한 깔끔하게 잘 관리되어 있어야 한다. 그것이 곧 나의 인상이 되기 때문이다. 상대방에게 좋은 이미지로 기억되어서 하는 일에도 도움이 되기를 바란다.

선글라스는 시각적으로 강렬한 인상을 남기고, 무난한 스타일링에 강한 포인트를 줄 수 있는 아이템이다. 변화를 두려워하고 패션에 관해서는 자신감이 결여된 소극적인 우리 남성들로서는 더욱더 용기 내어 시도해볼 만한 아이템이기도 하다. 선글라스 역시 안경과 마찬가지로, 나와 잘 맞는 것과 잘 맞지 않는 것이 존재할 뿐. 맞는 것만 파악하면 문제없이 활용할 수 있다.

선글라스는 그 자체만으로 얼굴형을 다

르게 보일 수 있으며, 전체적인 스타일링을 전혀 다른 느낌으로 재해석시킬 수 있을 만큼 이미지에 큰 영향을 미친다.

대체로 아시아인들에게 가장 잘 어울린다는 보잉 선글라스는 프레임이 적당히 크고 역삼각형의 모양으로 넓적한 얼굴의 각이 샤프하게 보이도록 시선을 모아주는 역할을 한다. 거기에 금속테가 강렬한 느낌을 주어 심플함을 더해준다. 얼굴이 큰 사람들일수록 프레임이 큰 것을 선택하면 단점을 보완할 수 있다.

렌즈 컬러는 전문가와 상담하여 피부톤에 맞춰서 조절하자. 선글라스를 구입 시에는 꼭 매장에서 착용 후에 구입하는 것이 좋다. 서양인들과 동양인의 골격이 다르기 때문에 착용해보지 않고 구입했을 경우 낮은 콧대 때문에 선글라스가 흘러내릴 수 있고 프레임이 커서 광대뼈에 맞닿아 착용했을 때 불편할 수도 있다.

특히 여름에 간단한 티셔츠와 팬츠에 매치하면 심플하면서도 강한 인상을 심어줄 수 있는 아주 좋은 아이템이 바로 선글라스이다. 단, 여러 액세서리와 함께 매치되었을 경우 과하게 느껴질 수 있고 너무 강하면 부담스러울 수 있기 때문에 너무 과도한 디자인이나 디테일이 과한 제품은 피하는 것이 좋다.

BASIC ITEM 7
ACCESERIES

시계는 실용적인 아이템이다. 요즘처럼 핸드폰으로 시간을 확인하는 시대 이전부터 시계는 액세서리 중 최고로 멋스러운 아이템이었다. 또한 남자의 취향과 센스까지 겉으로 드러낼 수 있는 아이템이기도 하다. 잘 알려진 대로, 시계의 질은 그 가격에 상응한다.

직장인에게는 너무나도 아쉬운 부분이지만, 그러나 중요한 것은 어디까지나 분수와 지위, 나이에 맞게 잘 스타일링했을 때 시계 역시 빛을 발할 수 있다는 사실이다. 설사 이미테이션이라도 마찬가지다. 직장 10년 차가 즐겨 입는 캐주얼에 이미테이션 롤렉스를 차면 어울릴지 몰라도, 대학생이나 직장 초년생에게는 과한 아이템이 될 수 있다. 가장 좋은 시계는 지금의 나와 가장 잘 어울리는 시계인 것이다.

시계로 인해 빛나는 사람 vs. 차고 있는 시계를 빛내는 사람

좋은 시계는 그 사람의 지위와 성품까지도 반영한다는 이야기가 있다. 이 얼마나 멋진 말인가. '소품이 나의 인격과 지위를 대변한다'니. 그러나 이 말 속에는 단순히 '비싼 것' 이상의 의미가 존재한다. 일전에 이런 이야기를 읽은 적이 있다. 한 저녁 식사에서 늙은 대부호와 젊은 졸부가 만났다. 젊은 졸부의 수트 너머로 번쩍이는 것은 당대 최고가를 자랑하는 시계였다. 자리에 참석한 모두가 고가의 시계에서 눈을 떼지 못하고 있을 때, 노(老)부호가 천천히 소매자락을 걷어 시간을 확인했다. 그의 손목에는 십수 년 된 낡은 시계가, 여전히 깨끗하고 단정한 모양으로 째깍 이고 있었다. 어떤 소품이 과연 소유주의 인격과 품격을 나타내는 좋은 시계일까? 판단은 각자의 몫에 맡기

겠다.

이처럼 시계를 통해 자신을 드러낼 수 있다면 여러분은 어떤 시계를 고를 것인가? 필자는 가능한 심플하고 단정해 보이는 시계를 선택할 것이다. 돈과 재력, 능력이라면 훗날에도 충분히 보여줄 수 있다. 지금 필요한 것은 분에 넘치는 멋이 아니라, 나의 '가능성'과 그것을 실현할 '성품'을 보여주는 것이다. 때문에 필자라면 지금의 위치에 걸맞은, 그러나 그 어떤 명품보다도 내게 어울리는 멋진 시계를 고를 것이다.

가짜 시계를 차고 가짜 인생을 사는 것보다는, 가격은 비싸지 않더라도 나와 잘 어울리는 시계를 찼을 때 마음도 편하고 상대도 나의 좀 더 진실된 모습을 만나게 될 것이기 때문이다.

우리 모두 비싼 시계를 차기 위해 맹목적으로 노력하기보다는 손목의 시계를 빛내줄 수 있는 내가 되자.

필자는 주변 사람들에게 스타일링 조언을 할 때 "벨트만큼은 꼭 하고 다녀라"라고 말하곤 한다. 의도적으로 바지를 내려 입더라도 벨트를 한 것과 벨트를 하지 않아 바지의 허리가 엉덩이에 걸려있는 것은 다르다.

물론 의도적으로 벨트를 스타일링에서 뺄 수도 있다. 다만 이것은 캐주얼에 한해서이고, 수트 차림에는 꼭 벨트를 하는 것이 좋다. 또한 수트용 벨트와 캐주얼한 차림에 하는 벨트는 구분해놓자. 물론 디자인적으로도 어울리지 않겠지만 말이다.

수트에 어울리는 벨트

수트용 벨트를 구입할 때에는 구두 컬러와 맞추는 것이 기본이다. 대부분 구두 컬러에 맞는 브라운 계열을 고르겠지만 그 안에서도 밝고 어두운 차이를 잘 맞추는 것이 중요하다. 같은 브라운 컬러라도 매치했을 때 느낌이 전혀 다를 수 있기 때문이다.

버클은 너무 크거나 화려한 것보다는 단정하고 심플한 느낌의 버클을 선택하는 것이 전체적인 균형감을 유지하기 좋으며, 우리 모두가 다 알고 있는 유명한 브랜드의 로고 벨트는 되도록이면 피하자. 당신 고유의 분위기나 느낌을 전달하기에 저해되는 요소이다.

캐주얼에 어울리는 벨트

캐주얼한 룩에 어울리는 벨트를 고를 때는 다양한 소재에 도전해보자. 천이나 캔버스 재질의 소재와 그 안에 다양한 컬러들은 가지고 있는 데님팬츠와 치노팬츠에 새로운 활력을 줄 것이다. 징이 박힌 벨트나 위빙 가죽 벨트도 너무 좋은 아이템이다.

벨트는 다른 액세서리와 마찬가지로 너무 튀는 것보다는 분위기에 맞추는 편이 자신의 개성을 드러내기에도 좋다. 그 자체로 너무 눈에 띄는 것을 선택하기보다는 기존에 가지고 있는 아이템과 어울리는 제품을 고르는 것이 현명하다.

가방은
옷차림과
조화를
이뤄야 한다

얼마 전 미팅 때문에 여의도에서 커피를 마시는데, 직장인들 손에 하나같이 브리프케이스가 들려져 있는 것이 보였다. 물론 디자인이나 컬러가 아주 세련된 것은 아니었지만 일상에서 브리프 케이스를 활용하고 있다는 자체만으로도 굉장히 멋져 보이며, 남성들의 스타일이 빠른 속도로 진보해 나가고 있다는 생각이 들었다.

일반적으로 가방은 여자들의 전유물인 것처럼 생각되지만 이제는 남성들에게도 아주 중요한 패션 아이템이다. 실례로 요즘엔 여성들이 들고 다니는 파우치도 멋스럽게 소화하는 남성들이 늘어나고 있고 샵에 가보면 판매도 많이 되고 있는 실정이니 말이다.

어떤 가방을 선택해야 할까

여성들처럼 거울이나 화장품 등 소지품이 많지 않기 때문에, 남성에게는 가장 중요한 것이 그에 걸맞은 용도이며 복장과의 조화이다. 수트를 입었을 때는 백팩이나 크로스 백 같은 것은 반드시 피하자. 수트 자체의 멋스러움을 반감시키는 코디이다.

수트를 입을 때에는 브리프 케이스나 포트폴리오 백 같은 것이 가장 좋다.

가방을 구입할 때에는 어떤 옷차림에 들 것인지 명확하게 결정하고, 그 복장을 입고 구입할 가방을 직접 맞춰 들어보고 어울리는지 안 어울리는지 확인하는 것이 용이하다. 체격에 비해 너무 크거나 그의 반해 너무 작으면 그처럼 보기 싫은 경우가 없다.

좋은 가방도 중요하지만 언제나 청결함을 유지하고 외출 후의 얼룩이나 먼지를 제거하는 습관도 중요하다. 값비싼 것만을 생각하지 말고 언제나 깨끗한 느낌을 주는 것, 그것이 첫 번째임을 명심 또 명심하자.

간과해서는
안 될
포인트 아이템,
양말

얼마 전 오랜만에 명동에 쇼핑을 하러 나갔다가 긴 시간 걷기만 하고 별 소득 없이 돌아온 적이 있었다. 그때 유일하게 구입한 것이 양말이었다. 요즘은 남성용 양말도 아주 다양한 패턴과 멋진 원단들로 포장까지 세심하게 신경 써 놓아 감탄하지 않을 수 없었다. 어쩔 수 없이 양말을 액세서리라 분류하긴 했으나 썩 내키지 않는 이유는, 남성들은 속옷처럼 외출 시 꼭 착용하는 것이 대부분인 가장 중요한 아이템 중 하나이기 때문이다. 그럼에도 불구하고 많은 남성들이 무관심한 아이템이기도 하다.

캐주얼 차림에는 흰 양말을, 수트 차림에는 검은 양말을 신어야 한다고 알고 있는가? 심지어 아직도 수트 차림에 흰 양말을 신는 사람들도 종종 있다. 하지만 그것은 당신이 마이클 잭슨이 아닌 이상에는 절대로 삼가야 한다.

수트용 양말

양말을 구입할 때는 수트에 신을 양말과 캐주얼한 복장에 신을 용도로 분류하여 구입하는 것이 좋다.

수트용으로 고를 때는 색상과 양말의 길이, 이 두 가지만 신경 쓰면 된다. 가끔 말끔한 수트 차림이지만 양말이 너무 짧아 살이 보이고 다리털이 노출돼 아쉬운 경우가 더러 있다. 그런 점을 보완하기 위해서는 발목 위로 밴드까지 긴 수트용 양말을 구입하는 것이 좋고, 색상은 수트의 바지 색상과 동일하게 가는 것이 가장 무난하다. 이외에 넥타이나 포켓스퀘어와 컬러를 맞춰보는 것도 나쁘지 않다.

또 한 가지! 수트용 양말을 살 때는 소재를 주의 깊게 보자. 캐주얼 양말처럼 두꺼운 소재는 피하고 면이나 울, 실크, 나일론 합성소재로 느슨한 핏보다는 타이트한 것이 좋겠다.

캐주얼용 양말

한편 평소에 많이 신는 캐주얼용 양말을 구입할 때는 좀 더 과감해질 필요가 있다. 옷을 베이직하게 입어도 액세서리에서 충분히 위트를 드러낼 수 있기 때문이다. 최근에는 다양한 체크 패턴이나 다양한 무늬의 캐주얼 양말이 선보이고 있으니 한 번쯤 시도해보자. 캐주얼한 룩에 매치하는 양말까지 수트처럼 바지의 톤과 맞춰 신거나 화이트 컬러를 고집할 필요는 없다. 전체적인 룩에서 과하게 무리가 안 간다면 꼭 시도해보자. 전체적인 룩 자체가 전혀 다른 느낌으로 다가올 것이다.

개성을 드러내는 가장 저렴한 방법

양말은 일반적인 남자의 의상 구입비 중 가장 저렴한 아이템이기도 하다. 새로운 스타일을 원하는데 주머니 사정은 뻔하고 옷장 속에는 화이트와 블랙만이 즐비할 때,

다 비슷해 보이는 데님팬츠나 치노팬츠를 한 벌 더 구입하기보다는 똑같은 바지라도 다르게 보이도록 해주는 양말 몇 켤레를 사는 것이 현명할 수도 있다. 남성들은 양말이나 속옷 대부분을 결혼 전에는 어머니가, 결혼 후에는 배우자가 사다 주는 대로 입는 경우가 많은데 이제는 능동적으로 스타일링의 중요한 한 부분으로써 인식하고, 세심하게 자신이 좋아하는 취향대로 구입하는 습관을 기르는 것이 중요하다.

과함은 독이 된다

스타일링에 있어 액세서리는 나만의 개성을 표현해주며, 약간 아쉽고 부족한 면을 채워주고 완성도를 높여주는 역할을 한다. 개인적으로 필자는 액세서리를 좋아하지 않으며, 아예 아무것도 하지 않을 때도 많다. 군이 액세서리를 한다면 시계 하나, 가방 정도가 전부인 듯하다. 우선은 답답하고 거추장스러운 느낌 때문이고, 한편으로는 액세서리를 잘 매치하지 못했을 경우 오히려 이미지에 마이너스가 될 수도 있기 때문이다.

많은 남성들이 필자와 비슷한 이유로 액세서리를 별로 즐기지 않는 듯하다. 그렇다고 해서 무조건 배척할 일은 아니다. 가까운 일본만 가보아도 길거리의 수많은 남성들이 멋스럽게 액세서리를 연출하여 자신의 개성을 한층 배가시키고 있지 않은가.

액세서리는 핵심적인 요소에 적절하게 쓰면 좋은 약이 되지만 과하게 되면 독이 되는 아이템이기 때문에 신중하게 접근할 필요가 있다. 여성들에 비해 아이템이 다양하지 않기 때문에 때와 장소, 기능성, 계절 등을 모두 고려해 적절히 튀지 않게 매치한다면 좋은 효과를 볼 수 있다.

이번 장에서는 남성들의 기본적인 액세서리로는 무엇이 있는지 살펴보고 나와 잘 맞는 것, 나만의 개성을 더욱 잘 살릴 수 있는 아이템은 무엇일지 생각해보도록 하자.

스타일에도
공식이
있다

자연스러운
멋을 내는
스타일의
원칙

얼마 전 지금은 고등학교 미술교사가 된 대학교 동기를 만나 소주 한 잔을 기울이며 예전 우리의 대학생활을 이야기했다. 그때의 나의 모습은 어땠고 너의 모습은 어떠했는지 그런 이야기들을 하며 한참을 웃었다. 몇 년이 지난 지금 멋지다고 여겨졌던 주변 사람들을 되돌아보니, 그 시절 그 나이 때 자신의 직업이나 사회적인 역할에 맞게 행동하고 그에 맞는 차림을 하고 다녔던 사람들이 진짜 멋진 사람들이라 느껴진다.

누구라도 감탄할 만한 자연스러운 멋을 가지고 싶은가? 그렇다면 다음의 4가지 원칙을 기억하자. 일부러 꾸미지 않아도 멋스러움을 표현하는 스타일링은 결코 어렵지 않다.

첫째, 청결하고 심플한 스타일을 추구하라

'스타일이 멋지다', '옷을 잘 입는다'와 같은 평가는 상대적인 것이다. 내 취향이 남과 다르기에 내가 만족해도 상대방은 별로라고 생각할 수 있다. 그렇기 때문에 꾸준히 강조하는 것이 바로 기본적인 아이템으로 청결한 상태를 유지하며 심플한 스타일링을 추구하라는 것이다.

둘째, 자신의 취향을 찾아라

자신이 무엇을 좋아하는지, 자신에게 무엇이 어울리는지를 생각해보라. 내가 좋아하는 것을 발전시키면 그것이 바로 '취향'이 된다. 관심 없는 것보다 관심 있는 것을 발전시키는 것이 나에게도 도움이 되고 변화 역시 눈에 띌 정도로 빨라질 것이다.

셋째, 지위와 역할에 맞는 스타일을 찾아라

자신만의 멋을 찾으라고 하면, 남들이 네이비 컬러 수트를 입을 때 레드 컬러의 수트를 입는 식으로 튀면 그만이라고 생각하는 사람들이 있다. 그것이 아니라 남들과 크게 다르지 않은 나의 상황, 나의 역할 속에서 취향과 감각을 녹여내는 것이 중요하다.

대학생이 아주 멋스러운 클래식 수트를 차려입고 학교에 나간다고 해보자. 한 번은 특이하고 멋져 보일지 몰라도 두세 번 지속되면 꼴불견이 된다. 개인의 취향을 벗어나 그 사회적 역할에 어울리지 않기 때문이다.

넷째, 모방하자

자신의 나이와 역할에 알맞은 롤모델을 찾아보자. 연령이나 상황이 비슷해도 좋고, 나보다 조금 나이 있고 멋진 사람이어도 좋다. 필자는 요즘도 주변에서 스타일이 좋은 친구들에게 언제나 질문하고 따라 해보려 고민도 하고 어디서 구입했는지도 종종 물어본다. 나보다 멋지다고 생각이 드는가? 그럼 따라 해보면 된다. 무분별하게 연예인을 따라 하다가는 낭패를 볼 수도 있지만 회사의 멋진 상사나 학교의 선배 등 롤모델이 될만한 사람들을 찾아 따라 하다 보면 자연스럽게 노하우를 얻고, 점차 모방에서 벗어나 자신의 취향이 스타일에 자연스레 반영될 것이다.

누굴 위해서가 아니라 언제나 나 자신을 위해서가 가장 먼저란 사실을 기억하자. 스타일링을 하는 것은 나 자신을 계발하는 것이다. 여기엔 정답이라는 것이 없기 때문에 더욱 매력적이다. 지금의 나를 객관적으로 바라보며 나에게 가장 잘 어울리는 것에 대해 고민해보자.

남을 위해서가 아니라 나 자신을 위해서 말이다.

이번 장에서는 상황에 따라 시도해볼 법한 남자 스타일링의 로드맵을 제시한다. 필자의 설명과 사진을 참고로 하여, 출근길이나 데이트, 여가 활동 때 다양한 스타일을 연출해보자. 따라 입는 것만으로도 세련된 스타일링의 기본 공식을 익힐 수 있을 것이다. 나아가 파트 4의 스트리트 패션을 참고로 하면, 자신만의 개성을 구축하는 데 도움이 될 것이다.

성공하는 남자의 패션은 무엇이 다를까

수트 스타일링의 정석

아직도 본인의 스타일링에 자신이 없는가? 그렇다면 네이비 수트에 깔끔한 화이트 셔츠를 기본으로 하고 포켓스퀘어도 셔츠와 같은 컬러로 맞춰라. 그리고 그레이 계열, 레드 계열, 블루 계열의 타이로 포인트를 주는 방법을 선택하자. 스타일을 망칠 일도 적고 남에게 나의 센스를 의심받을 일도 없을 것이다.

모든 수트 스타일링이 마찬가지이다. 자신이 없다면 기본적인 화이트 셔츠 위에 그림을 그리듯 타이로 포인트를 주자. 포켓스퀘어가 방해가 되고 전체적인 분위기를 깬다면 하지 않는 편이 낫다.

수트를 입었을 때에는 헤어스타일도 깔끔하게 정리하는 것이 전체적인 수트 룩의 완성도를 높이는데 큰 역할을 한다.

네이비 수트 : 누구에게나, 어떤 셔츠든 잘 어울린다

네이비 컬러의 수트는 인상을 샤프하고 깔끔하게 만들어준다. 네이비 수트 안에 입은 화이트 셔츠와 맞춰 화이트 포켓스퀘어를 꽂아 더욱 심플하고 깔끔한 느낌을 강조했다. 네이비 컬러의 수트를 입을 때 참고할 수 있는 룩이다.

아래 사진에서는 그레이 울 타이를 볼륨감 있게 매치시켜 포인트를 주었으나 수트와 같은 톤의 타이라도 무리는 없다.

한편 네이비 수트에는 어떤 셔츠든 곧잘 어울린다. 화이트나 블루 셔츠를 입은 경우, 튀는 컬러만 아니면 넥타이도 색상에 구애받지 않고 잘 어울리기 때문에 스타일링에 어려움이 없을 것이다.

그레이 수트 : 화이트 셔츠와 매치하라

그레이 수트는 지적인 느낌을 주는 한편, 화이트 셔츠와 매치하면 한층 밝은 분위기와 심플한 느낌까지 배가시킬 수 있는 것이 장점이다.

　사진에서처럼 다크 네이비 컬러의 니트 타이로 포인트를 주면, 니트 타이가 주는 시원한 느낌이 그레이 컬러의 수트와 더욱 잘 어울린다. 특별한 짐이 없다면 지갑이나 핸드폰 등은 사진과 같은 파우치 또는 브리프 케이스에 넣도록 하자. 모델이 손에 들고 있는 파우치는 평소 필자가 자주 사용하는 아이템인데 이것저것 주머니에 넣어 옷의 볼륨감을 떨어뜨리는 것보다는 훨씬 매력적인 연출법이다. 파우치나 브리프 케이스 같은 경우에는 구두 컬러와 매치시키는 것도 아주 좋은 방법이다.

이 수트는 모델의 팔 길이나 바지 기장, 어깨와 허리라인에 신경 써 몇 번의 가봉을 통해 어렵게 완성한 것이다. 꾸준히 말했듯 기성 수트는 어느 한 명을 위한 것이 아니라 평균적인 데이터를 이용해 표준 사이즈로 만들어지기 때문에 어딘가 모르게 옷과 몸의 마찰이 일어나기 마련이다. 하지만 맞춤 수트는 신체적 장점을 이해하고 단점을 보완하여 만들어지므로, 입었을 때 최상의 모습을 보여줄 수 있다.

존재감을 드러내는 수트 스타일링 : 컬러를 두려워 마라

밝은 톤의 네이비 더블 브레스티드 수트에 위트 넘치는 체크 셔츠, 핑크색 보타이를 매치했다. 수트 스타일링에 어느 정도 자신감이 붙었다면 다양한 색상의 셔츠와 보타이를 시도해 보는 것도 좋다. 튀지 않으면서도, 남과 다른 존재감을 부각시킬 수 있을 것이다.

또한 다양한 컬러의 조합을 두려워하지 말기 바란다. 네이비 수트는 어지간한 컬러의 셔츠는 무난하게 어울리므로 부담감 없이 여러 컬러를 시도해봐도 괜찮다. 옆의 사진 속 네이비 컬러의 수트와 블루·화이트 체크 셔츠의 조화, 그리고 위트 있는 핑크 컬러의 실크 보타이를 눈여겨보라. 보타이를 부담스러워하는 경우가 많으나, 적절하게 매치하면 튀지 않으면서도 색다른 느낌을 전달하기 좋은 아이템이다.

자신에게 어울리는 수트의 중요성

솔직히 말하면 이 수트는 모델을 위해 제작된 것이 아니다. 협찬받는 과정에서 약간 마르고 팔다리가 긴 모델의 사이즈에 맞는 것이 없었는데, 시기적으로 여유가 없어 결국 수트는 협찬을 받고 셔츠는 제작한 것을 입었다. 그 결과 셔츠의 팔길이는 딱 맞지만 수트의 팔길이는 유독 짧고 바지의 핏도 좋지 않게 됐다. 이처럼 매력적인 모델이라도 자신에게 맞지 않는 수트로는 자신의 매력을 충분히 드러낼 수 없다. 하물며 평범한 체형의 우리 보통 남자들은 오죽할까. 수트는 일반적인 데님이나 캐주얼한 의상과는 달리, 정확히 내 체형과 하나가 되어야 하는 아이템이란 사실을 기억해두자.

끌리는
남자는
감각이
다르다

계절에 따른 출근길 스타일링

출근길 거리를 메운 직장인들의 행렬은 네이비 혹은 짙은 그레이 일색이다. 물론 기본이 되는 색상이지만, 계절에 따라서는 조금 다른 색상을 시도해봐도 좋을 것이다. 튀지 않으면서도 세련미가 느껴지는 남자, 똑같은 수트 행렬 속에서도 어쩐지 끌리는 남다른 출근길 스타일링의 비결은 무엇일까?

밝은 그레이 수트 : 시원하고 경쾌한 이미지의 봄가을 스타일링

'복장이 편안할수록 업무 몰입도는 높아진다.' 밝은 그레이 계열의 체크 패턴 수트에 티셔츠를 매치하면 답답한 수트 스타일에서 벗어나 여유롭고 경쾌한 비즈니스맨을 연출할 수 있다. 봄가을에 입는다면 굉장히 시원해 보일 것이다.

밝은 그레이 계열의 수트는 평소에 많이 입는 네이비나 무거운 그레이 컬러에서 벗어나 가끔 이미지 변신이나 기분전환용으로 최적인 아이템이다.

타이를 매는 것도 어울리지만 수트가 가진 가벼운 느낌을 살리기 위해서는 티셔츠를 매치해 입는 것도 좋다. 다만 티셔츠는 수트의 컬러와 너무 동떨어진 것을 피하고 기본적인 화이트나 그레이 톤으로 선택하자.

브라운과 베이지의 조합 : 안정감이 느껴지는 가을 스타일링

꼭 정장을 입지 않아도 되는 직장이라면, 가을에는 옆의 사진과 같은 스타일을 한번 시도해보자. 가을과 초겨울까지도 무난하게 입을 수 있는 브라운 트위드 재킷에 베

이지색 스트라이프 티셔츠, 베이지 컬러의 치노팬츠를 매치했다. 거기에 안경과 로퍼의 컬러를 맞춰 안정감을 더했다.

어느 것 하나 튀지 않지만 심심하지 않은 연출법이다. 단정해 보이지만 결코 지루해 보이지 않으며, 오히려 세련미가 느껴진다. 누구나 다 가지고 있는 아이템으로도 이처럼 멋진 룩을 만들 수 있는 것은 베이지와 브라운 컬러가 자연스러운 조화를 이루었기 때문이다. 반대로 스타일링을 할 때 너무 다양한 컬러가 섞이면 전체적으로 집중력이 떨어지고 시선이 분산되게 된다.

언제나 이 점을 기억하기 바란다. 값비싼 아이템을 걸치는 것보다 서로 어울리는 컬러를 매치하는 것이 훨씬 멋지다는 점을.

코트를 고르는 법 : 겨울에도 날렵함을 잃지 않으려면

겨울철, 춥다고 이것저것 걸치다 보면 자칫 어수선하고 둔해 보이기 마련이다. 이래서야 애써 차려입은 스타일이 빛을 발할 수 없다. 여러 겹을 입어도 둔해 보이지 않고, 목도리 등 액세서리를 걸쳐도 산만해 보이지 않는 윈터룩을 연출해보자.

코트는 네이비나 블랙, 그레이 색상으로 고르는 것이 다른 아이템들과 매치하기도 가장 쉽고 편하다(이 공식은 다른 아이템도 마찬가지다). 코트 자체가 슬림한 핏이든 루즈한 핏이든 간에, 하의를 슬림한 핏으로 입는 것이 더 날씬해 보이고 키도 커 보이는 효과가 있으니 명심하자. 키가 작다면 긴 기장보다는 중간 기장의 코트를 선택하는 것이 좋은데, 입었을 때 본인의 무릎 한 뼘 위 또는 그 이상 정도라고 생각하면 되겠다.

사진에서는 베이직한 디자인의 차이나 칼라 코트를 이용해 스타일링했다.

겨울에는 한 가지 색상으로 통일감을 주는 것이 좋다

겨울철에는 전반적으로 모노톤으로 연출하는 것이 계절과도 어울리고 분위기 있어 보이기 마련이다. 만약 단조로움을 탈피하고 재미를 주려면 컬러감 있는 신발이나 가방으로 포인트를 주는 것도 좋은 방법이다.

기본적인 겨울철 아이템인 목도리나 장갑 역시 겨울철 아우터(겉옷)와 색상을 맞추는 것이 좋지만, 포인트를 주고 싶다면 같은 계열의 체크 색상 목도리 한 가지 정도를 해도 좋다.

일상에 재미를 더하는 스타일

여름철 스타일링 노하우

더운 여름, 남자들에게 허용되는 것은 어중간한 반바지와 반팔뿐이다. 짧은 반바지는 부담스러운 나머지 대부분 무릎에 오는 반바지를 입거나 그것도 싫다면 긴바지를 고수하기도 한다. 이럴 때 입는 사람도 덥지 않고, 보는 사람도 시원한 느낌을 줄 수 있는 방법은 티셔츠와 스니커즈를 이용하는 것이다.

반바지에 슬립온이나 캔버스화를 신는 것도 굉장히 심플하고 위트 있어 보인다. 하지만 긴 바지를 입는다면 티셔츠의 프린트로 포인트를 주거나 스니커즈의 컬러로 포인트를 주는 것이 좋다.

여름철에는 티셔츠 한 벌로 멋스러운 코디를 할 수밖에 없다. 그러므로 티셔츠 전체에 워싱이 되어있거나 나염이 너무 지나친 티셔츠는 피하는 것이 좋겠다. 몇 번 입지 않아도 쉽게 질리기 쉬우며, 자칫 지나친 디테일이 있으면 다른 아이템과 매치하기

어렵기 때문이다. 기본적인 색상 위주로 구입하자. 스타일링을 할 때 소매 부분을 가볍게 한 번 접어 올려주는 것도 지루한 티셔츠 스타일링을 탈피하는 노하우 중 하나이다.

패션에 위트를 더하는 법 : 한 가지에 포인트를 줘라

외국 출장을 가보면 남성들도 컬러에 구애받지 않고 그들이 좋아하는 아주 무서운(?)

컬러들을 가감 없이 자신의 룩에 대입시킨다. 중요한 점은 적재적소에 포인트를 주는 것이다. 방법만 알면 여러분도 충분히 즐기며 연출할 수 있다.

방법은 무난한 배경에 튀는 것 한 가지만 포인트를 주는 것이다. 이를테면 티셔츠의 스트라이프를 이용하거나, 아주 무난한 화이트톤 셔츠에 핑크색 치노팬츠를 매치하거나, 그레이 혹은 베이지톤의 룩에 시원한 베이비블루 컬러의 슬립온을 신어주는 것이다. 원포인트 아이템을 선정하여 그것을 아주 위트 있는 컬러로 멋을 내보자. 세련된 감각을 남들에게 보여주는 한편, 스스로도 옷을 즐길 수 있게 될 것이다.

복장에 큰 제약이 없는 직장인이라면, 가끔은 이처럼 색다른 컬러감으로 일상에 재미를 불어넣어보는 건 어떨까?

물론 사진의 스타일링은 다소 어려울 수 있지만 필자가 말하려 하는 의도는 이해하였으리라 믿으며 다음으로 넘어가 보자.

반바지를 스타일리시하게 입는 가장 쉬운 방법

요즘에는 여름철 길거리를 지나다 보면 반바지로 스타일링한 남성들의 모습을 곳곳에서 쉽게 찾아볼 수 있다. 회사의 방침이 허용된다면, 더운 여름 튀지 않는 선에서 직장인다운 반바지 연출이 가능하다.

우선 반바지는 기본 컬러인 블랙 또는 베이지 색상을 선택한다. 캐주얼한 느낌을 원한다면 반바지 위에 셔츠 혹은 티셔츠로 마무리를 하고, 보다 격식 있거나 댄디한 느낌을 원한다면 셔츠나 티셔츠 위에 재킷 또는 카디건을 입어보자.

재킷을 벗고 기본적인 V넥 티셔츠나 깔끔한 화이트 셔츠를 입는 경우, 체크 반바지를 매치하는 것도 신경을 쓴 듯 안 쓴 듯 멋져 보이는 요령이다. 단, 체크는 아주 많은 컬러가 혼합되어 있지 않으며, 두세 가지 컬러가 섞인 것을 선택하자.

화이트와 블랙의 대비로 시원하고 단정한 이미지

옆의 사진처럼 기본적인 블랙 색상의 반바지에 화이트 컬러의 티셔츠를 입으면 색상의 대비로 시원한 느낌을 줄 수 있다. 또한 바지와 같은 컬러의 재킷으

로 심플함을 강조했다. 여기에 디테일이 들어간 화려한 프린트백과 흰색 옥스퍼드화를 함께 코디해 포인트를 주었다. 화이트와 블랙이 어울려 정갈해 보이는 복장에, 프린트 백이 더해져 심심하지 않고 경쾌한 느낌을 준다.

그녀를
사로잡을
패션

데이트 & 모임 룩

주말에 여자친구나 친구들과 약속이 있다면 이런 룩을 추천하고 싶었다. 일상에 지친 평소와는 다르게 편해 보이면서도 어딘가 신경 쓴 듯한 룩. 분위기 좋은 레스토랑에 가도, 늦은 밤의 클럽에 가도 어색하지 않을 스타일링을 소개한다.

편하면서도 멋스러워 보이는 법 : 믹스매치를 활용하라

바지와 니트 상의는 무난한 블랙을 선택하고, 그 위에 체크 투버튼 재킷을 멋스럽게 걸쳤다. 다소 밋밋해 보일 수 있는 코디는 항상 액세서리로 마무리한다. 군더더기 없는 심플한 느낌을 원한다면 흰색 캔버스 스니커즈를 신고, 좀 더 경쾌하고 유쾌한 느낌을 주고 싶다면 컬러풀한 스니커즈나 심플한 로퍼도 좋겠다. 사진처럼 뿔테 안경을

써보는 것도 지적인 분위기를 내기에 안성맞춤이다.

이처럼 편하게 쉬고 싶은 주말 혹은 평소와 다른 느낌을 내고 싶은 날에는 위아래 한 벌의 수트보다는 믹스매치를 하여 평소와 다른 느낌을 연출해보는 것이 좋다.

안 꾸민 듯 하지만 세련된 스타일링 : V넥 티셔츠 활용하기

V넥 티셔츠와 베기팬츠, 밀리터리 부츠를 매치하면 세련되면서도 활동성 있는 스타 일링을 완성할 수 있다.

V넥 티셔츠처럼 네크라인이 파여 있는 옷 을 부담스러워하는 남성들이 많다. 그러나 어 떠한 룩에든 V넥 티셔츠 하나만 매치해도 휠 씬 세련돼 보일 수 있다는 걸 기억하자. 또한 어떤 아이템과도 잘 어울려 매치하기도 용이 하다. 봄가을과 여름철에 없어서는 안 될 아 이템이다. 사진에서는 그레이 색상의 V넥 티 셔츠를 매치했다.

딱 붙는 슬림핏의 바지보다는, 살짝 루즈한 핏의 베기팬츠가 활동하기에도 편할 뿐 아니 라 더 날씬해 보이는 효과를 줄 수 있다. 거기 에다 밀리터리 부츠를 매치함으로써, 전체적

으로 지루할 수 있는 룩을 과하지 않으면서도 스타일리시하게 연출했다.

만약 베기팬츠가 부담스럽거나 취향이 아니라면, V넥 티셔츠에는 치노팬츠나 데 님팬츠도 잘 어울린다. 무난한 스트레이트 핏을 선택하는 것이 좋고, 마른 체형이라면 스키니 핏의 팬츠도 무난하다.

자연스러운
남성미,
터프&시크
캐주얼

점퍼 & 후디 스타일링

남성들이 일상에서 선호하는 점퍼와 후디
등의 아이템으로도 충분히 '세련되다'는 느
낌을 줄 수 있다. 관건은 과하지 않게, 심플
하게 연출하는 것이다. 안 꾸민 듯 자연스
러운 남성미를 어필함과 동시에 세련미가
느껴지는 캐주얼 룩의 노하우를 살펴보자.

세상에서 가장 쉬운 후디 스타일링

세련되고 감각 있게 입을 수 있는 후디에

데님, 그리고 심플한 스니커즈를 매치했다. 너무 쉽다. 하지만 깔끔하다. 시각적으로도 보기 좋다. 이런 스타일링이야말로 모든 남자들이 지향해야 하는 룩이다. 옷을 잘 입는 것은 어렵고 복잡한 일이 아니다. 지금 당신의 옷장에 있는 아이템만 활용해도 쉽게 완성할 수 있다.

주의할 점은 컬러의 선택은 개인의 취향이지만 언제나 기본적이고 무난한 바탕에, 컬러 포인트는 한 가지 아이템만 줘야 한다는 것이다. 예를 들어 녹색 후디를 포인트로 삼는다면 나머지는 다 튀지 않는 색상이어야 한다. 스니커즈의 컬러를 레드로 선택한다면 역시 나머지 색상은 무난한 통일감을 이뤄야 한다. 반면 두 가지 이상 컬러 포인트를 주면 자칫 유치해 보일 수 있으니 주의하자.

야구점퍼 : 흰 티셔츠 + 데님과 매치하라

남자들은 포기하지 못하고 여자들은 질색을 하는 아이템, 바로 야구점퍼이다. 디테일이 많아 자칫 산만하거나 유치해 보일 수 있는 야구점퍼도 흰색 티셔츠, 밝은 데님팬츠와 매치하면 멋스럽게 연출할 수 있다.

　데님팬츠는 남녀 불문하고 가장 많이 입는 편한 아이템이다. 체형에 어울리는 핏과 계절감에 맞게 컬러만 잘 골라 입는다면 어떠한 아이템과 매치해도 무난하고 멋스럽게 어울린다. 데님에는 어지간한 티셔츠는 거의 다 잘 어울리기 때문에 스타일링하기 편하지만, 재킷을 입을 경우 티셔츠의 색상이 튀거나 과한 프린트가 들어간 티셔츠는 재킷과 매치하기 어렵다. 때문에 기본적인 디자인과 컬러의 티셔츠가 가장 이상적이며 사진처럼 흰색 티셔츠를 선택하면 디테일이 많이 들어간 야구점퍼와도 잘 어울리게 코디할 수 있다.

　봄 여름에는 시원한 아이스나 블루 컬러의 데님이 계절감과 잘 맞고, 가을 겨울에는브라운 톤의 워싱이 들어간 데님을 선택하는 것이 좋다.

밀리터리 룩 : 한 번에 두 가지 이내의 아이템만 사용하라

밀리터리의 강점은 고급스러운 컬러인 카키 색상을 사용한다는 것이다. 요즘에는 카키나 브라운 계열로 디자인이 변형되어 나온 질 좋고 핏도 좋은 제품들이 많이 나와 있다. 사진에서처럼 데님이나 블랙 컬러의 팬츠와 잘 매치한다면 아주 세련된 밀리터리 룩을 즐길 수 있을 것이다. 열정적으로 업무를 마무리하는 한편, 퇴근 후 해방감을 만끽할 수 있는 금요일. 캐주얼이 허락된다면 '세련미'와 '터프함'이라는 두 마리 토끼를 잡을 수 있는 밀리터리 룩을 연출해보자.

단, 절대로 피해야 할 밀리터리 룩도 있다. 미군 야상이나 항공점퍼를 입고 비니를 쓰고 큰 카고바지나 얼룩덜룩한 무늬의 바지에 쌩뚱맞은 스니커즈를 신었다면 NG! 그런 건 터프보다는 더러운 느낌에 가깝다.

밀리터리 룩을 입을 때는 한 번에 두 가지 이상의 아이템은 입지 말자. 밀리터리 점 퍼+밀리터리 팬츠, 밀리터리 티셔츠+밀리터리 팬츠 같은 조합은 군인 혹은 무대용 의상이다. 밀리터리 룩을 멋스럽게 즐기려면 밀리터리 점퍼에 깔끔한 화이트나 그레 이 블랙 컬러 티셔츠, 그리고 블랙이나 데님팬츠를 매치하는 것이 좋다.

스트리트
패션에서
배운다

NEW YORK

코트로도 이렇게 멋진 모습을 완성할 수 있다. 코트와 비슷한 톤의 체크 목도리, 블랙 가죽장갑과 같은 컬러의 구두, 그리고 선글라스의 조화에 주목하라.

수트와 코트의 이상적인 룩

수트 위에 코트를 입어 저런 핏이 나오기란 여간 어려운 일이 아니다. 사진 속 남성의 경우 자신에게 맞게 제작한 테일러드 코트이기에 가능한 것이다.

평소 입던 코트를 수트 위에 입으면 팔과 몸판이 끼어 보기 흉할 수 있으므로, 수트 위에 입는 코트만큼은 테일러샵에 가서 전문가와 상의해 맞춰 입도록 하자. 그러나 만약 기성복을 살 수밖에 없는 상황이라면, 코트를 살 때 수트를 입고 가서 그 위에 코트를 입어보고 움직임이 편한지 확인한 후 구매하는 것이 좋다.

추운 겨울, 캐주얼한 데님팬츠나 치노팬츠 위에는 어떤 코트를 입는 것이 좋을까? 위 사진의 코트 길이에 해답이 있다. 너무 짧거나 긴 긴장은 피하도록 하며, 엉덩이를 덮고 무릎 위까지 오는 정도가 가장 좋다.

경쾌한 패턴의 체크와 블랙 코디가 잘 어울린다. 하지만 체크 셔츠 하나만으로는 추워 보일 수 있으므로, 니트 혹은 카디건을 레이어드해 입는 것도 좋은 방법이다.

초겨울 많이 춥지 않을 때는 코트 속에 가벼운 티셔츠를 입고 목도리나 머플러로 체온을 유지
하는 것이 몸에도 좋고, 보기에도 좋다. 비니와 목도리의 컬러가 코트와 잘 어울리며 스키니진
으로 더욱더 슬림해 보인다.

PRIME SOHO
OFFICE SPACE
212.716.3500

PARIS

S POLONAISES

네이비 재킷, 블루 컬러 데님에 살짝 얹은 페도라가 더해져 어린 나이에 줄 수 있는 사랑스러움이 강조된 스타일이다.

봄가을, 티셔츠에 재킷만으로는 변덕스러운 일교차를 견디기 힘들다면 머플러를 이용하거나 재킷 안에 카디건을 입는 것도 좋은 방법이다.

데님재킷은 치노팬츠와 완벽한 궁합을 이루는 아이템이다. 데님의 경쾌한 컬러와 치노팬츠의 아이보리 혹은 브라운 컬러의 조합이 세련된 느낌을 주기 때문이다. 치노팬츠의 기장이 긴 경우, 무심한 듯 두 번 정도 롤업 하여 입으면 더욱 깔끔한 느낌으로 스타일링의 완성도를 높일 수 있다.

추운 바깥 날씨에 어울리는 두툼한 가죽 소재의 브라운 계열 재킷과 실내에서 활동하기 편한 반팔 티셔츠, 가을에 추천하고 싶은 룩이다. 기억하자. 계절의 분위기에 맞게 입는 것, 그것이 멋진 스타일링의 원칙이다.

아직도 체크가 두려운가? 화이트 서츠나 티셔츠에 깔끔한 스니커즈를 신으면 체크바지가 포인트가 되어 여름철 시원한 느낌을 줄 수 있다.

왼쪽 남성처럼 적절한 길이의 코트에 맞춰 스키니진을 선택하면, 더욱더 슬림하고 키가 커 보이는 효과를 얻을 수 있다.

기본 아이템만으로도 충분히 멋스러울 수 있다

전체적인 스타일링은 네이비 컬러로 맞추고, 액세서리는 브라운으로 통일했다. 이처럼 기본적인 아이템과 기본적인 컬러를 잘 이용하면 손쉽게 스타일링을 할 수 있다. 오른쪽 사진 속 남성의 경우 상하의가 같은 톤이라 밝은 베이지 카디건을 입고 있었다면 훨씬 더 세련되어 보였을 것이다.

누구나 쉽게 따라 할 수 있는 반바지 캐주얼의 공식

반바지를 입을 때는 이 두 가지만 기억하자. 자신에게 맞는 사이즈, 그리고 기본적인 컬러! 이 둘의 조합만 잘 이루어져도 여름철 센스 있는 연출이 가능하다.

다른 두 사람, 다른 옷, 그러나 같은 느낌

세상에 많은 멋진 신사들을 보며 옷을 입고, 자신을 계발하는 것을 즐긴다면 당신도 머지않아 저들 같은 멋스러움을 가지게 될 것이다.

MILANO

브라운 계열의 적당히 롤업 한 팬츠, 브라운 벨트와 역시 같은 컬러의 파우치, 로퍼에 주목하자. 앞서도 말했듯 구두와 벨트, 가방의 색상은 통일하는 것이 좋다. 과해 보이지 않으면서도 멋스럽게 스타일링하는 노하우 중 하나이다.

액세서리 하나까지 위트를 담은 패션

재킷의 패턴이나 보타이, 바지의 기장이 전체적으로 유머러스한 룩을 연출하고 있다. 모두 다른 컬러의 아이템이지만 전체적인 톤을 자연스럽게 맞춰 매우 안정감 있게 보인다. 기가 막힌 스타일링이다. 또한 관심 있게 볼 것은 밀라노의 신사들은 우산 하나에도 매우 신경을 쓰고 있다는 사실이다. 액세서리 하나가 스타일링을 완성시킬 수 있다는 점을 늘 기억하자.

시원한 느낌의 블루 스트라이프 라운드 네크 티셔츠에 스카프로 포인트를 주었다. 이처럼 간단한 시도로도 충분히 분위기 있는 룩을 연출할 수 있다.

변화는 다양한 스타일을 즐기는 데서부터 시작된다

서츠의 브라운 패턴과 브라운 타이가 다소 동떨어져 보일 수 있는 블루 재킷을 커버해 주고 있다. 사진에서는 보이지 않지만 흰색 치노팬츠에는 브라운 로퍼를 신었다. 밀라노에서 본 남성들은 이처럼 하나 같이 옷 입는 것을 즐기는 듯 보였다. 변화를 원하는가? 누구에게 어떻게 보일까를 신경 쓰기보다, 스스로 즐기기 시작하는 것이 자신을 바꾸는 지름길이다.

기본적인 색상이나 디자인의 옷이라면, 하나의 아이템에 포인트를 주는 것이 좋다. 옆의 사진에서는 카모플라주 패턴의 블레이저가 스타일링에 힘을 실어 주고 있다. 블레이저가 없었다면 단조로워 보였을 것이다.

니트 타이로 더운 여름 시원한 느낌을 줄 수 있음을 보여주는 예이다. 또한 바지 기장이 환상적 인데, 이처럼 아주 디테일한 부분으로 세련미를 부각시킬 수 있다는 점을 명심하여 외출 전 나 의 바지 길이를 한 번 더 체크하자.

남성 스타일링의 기본이자 해답

깔끔하게 정리된 화이트 셔츠를 옅은 아이보리 컬러의 치노팬츠 속에 단정하게 넣어 입었으며, 딱 보기 좋은 바지 기장에 바지 톤과 비슷한 색상의 로퍼로 마무리했다. 만약 화이트 셔츠와 무난한 컬러의 치노팬츠에 컬러감이 과한 구두를 신었다면, 사진 속 남자처럼 클래식한 분위기를 풍길 수 없었을 것이다. 남성이 가장 멋있게 보일 수 있는 최고의 아이템인 화이트 셔츠 스타일링의 해답을 보여주는 예이다.

베이직한 컬러와 아이템에 튀는 색감의 스니커즈로 포인트만 주어도 모두의 시선을 잡아끌 수 있다.

몸에 딱 맞는 수트가 보여주는 남자의 품격

멋스러운 테일러샵에서 포즈를 취한 이 남자의 수트 스타일링에 주목하자. 약간 답답해 보이는 소매를 제외하고는 베스트와 팬츠의 핏이 완벽하다. 이처럼 자신의 몸에 딱 맞는 수트를 선택하는 것은 어떤 유명 스타일리스트가 손을 대는 것보다도 효과적이다.

LONDON

가장 심플한 것이 가장 세련된 것이다

수트의 컬러와 핏, 화이트 셔츠에 맞게 화이트 포켓스퀘어를 꽂아 심플하고 군더더기 없는 수트 룩을 보여준다. 사진 속 남성처럼 블랙 컬러의 슈즈도 좋지만, 다크 브라운 슈즈를 매칭하면 더욱 클래식한 느낌을 줄 수 있다.

느슨한 듯 편안함이 느껴지는 스타일링

그레이 코트와 자연스럽게 엮은 스카프, 팬츠의 컬러가 편안한 느낌을 준다. 정갈하게 딱 떨어지는 스타일링도 필요하지만, 어딘가 풀어진 듯한 여유로운 연출도 때론 이미지를 바꾸는 데도움이 된다.

개인적으로도 컬러풀한 팬츠를 좋아하지만, 이런 컬러의 팬츠를 무난하게 소화하는 남성이 있다는 사실에 놀랐다. 네이비 재킷에 퍼플 스트라이프가 팬츠의 컬러를 보완하여 자연스러운 룩을 완성했다.

옷장에 있는 기본 아이템으로도 충분히 멋쟁이가 될 수 있다

퍼플 계열의 블루 셔츠에 롤업 한 브라운 팬츠, 브라운 윙팁 슈즈의 매치가 군더더기 없이 깔끔하다. 가만히 보면 어렵거나 난해한 아이템이 아니라, 누구의 옷장에든 다 있는 옷이다. 이렇게 쉽지만 종이 한 장 차이에서 결론 나는 것이 스타일링이다. 평소 좋은 스타일링에 관심을 가지고 조화로운 매칭을 시도해보는 것이 더욱 중요하다.

레드 컬러로 포인트를 준 경쾌한 스타일링

빈티지 재킷에 체크 목도리, 그리고 그에 맞춰 체크 포켓스퀘어로 통일감을 주어 큐트한 룩을
연출했다. 전체적으로 레드 컬러를 포인트로 삼았는데, 양말도 포인트 색상으로 맞추고 가죽
소재의 캔버스 스니커즈로 경쾌하고 활동적인 느낌을 부각시켰다.

눈여겨볼 점은 데님 스키니 진을 접어 올린 것이다. 만약 바지 기장이 길어서 아랫부분이 뭉쳐
있어 전체적인 핏을 깨트리거나 남의 옷을 입은 것처럼 보인다면, 과감하게 자르거나 사진처
럼 자연스럽게 접어 올리는 편이 훨씬 보기 좋다.

BERLIN

블루와 화이트의 조합이 아주 무난하고 클래식해 보일 수 있었는데, 여기에 안경과 보타이를 적절히 매치하여 유머러스하고 어려 보이는 스타일이 되었다.

여름 스타일링의 룰

유럽 멋쟁이들의 여름은 비슷하다. 기본적인 셔츠나 티셔츠에 반바지를 접어 입는 스타일링을 고수한다. 그리고 그 안에서 액세서리나 체크 패턴 등으로 밋밋함을 덜고 포인트를 주는 것이다. 신발은 로퍼나 스니커즈이며, 액세서리의 컬러는 꼭 맞춘다. 쉽다고 생각되지만, 그 안의 미묘한 차이가 전체적인 느낌을 바꿀 수 있으니 사진을 보며 나와 다른 점이 무엇인지 눈여겨보기 바란다.

SPECIAL
THANKS TO

다시 한 번 이 책이 나오기까지 감사 드려야 할 분들이 너무 많습니다.

사랑하는 가족, 아버지, 어머니, 와이프 성원이, 영아, 지배, 장인어른, 장모님 그리고 이 책을 만드는 데 가장 큰 도움을 준 포토그래퍼 김석준, 포토그래퍼 홍순일, 포토그래퍼 남현범, 스타일리스트 김민주, 메이크업 구현미, 메이크업 김민지, 예문 출판사와 예문 출판사의 유진이 정말 감사 드립니다.

늘 기쁠 때나 슬플 때나 함께 해주는 내 친구 스타일리스트 구동현, 유광재, 곽민석, 손희락, 믹, 홍창우, 김경빈, 김무현, 정환욱, 허동구, 최진우 형, 김욱, 오종혁, 이혁주, 이승훈, 김우리 형, 최윤배 형, 김지현, 이창수, 박종선, 전진우, 오승현, 황의덕, 하수오, 김대환, 김현수, 고재천, 양다일, 김순철, 김다운, 김정훈, 그리고 미처 이 곳에 다 쓰지 못한 많은 친구들에게 깊은 감사 드리며

수트는 모데라토, 안경은 마르카토, 모든 직원 분들께도 감사드립니다.